中国建筑学会团体会员年报
（2017）

中国建筑学会　主编

中国建筑工业出版社

图书在版编目（CIP）数据

中国建筑学会团体会员年报（2017）/ 中国建筑学
会主编. — 北京：中国建筑工业出版社，2018.1
　ISBN 978-7-112-21618-5

　Ⅰ.①中…　Ⅱ.①中…　Ⅲ.①建筑学 — 文集
Ⅳ.① TU-53

中国版本图书馆CIP数据核字（2017）第304075号

为贯彻中央城市工作会会议精神，展示中国建筑学会团体会员单位
风采、扩大社会影响，促进团体会员单位在国内外的交流与合作，中国
建筑学会决定编辑出版《中国建筑学会团体会员年报（2017）》（以下
简称"《年报》"）。

《年报》拟重点展示中国建筑学会团体会员单位2016、2017年的主
要作品和技术成果，是中国建筑学会团体会员单位的一次集中展示。该
书拟作为重要的学术资料用于中国建筑学会有关学术及国际交流活动
中，读者可以通过该书，更深入地了解团体会员单位，团体会员单位工
作者也会有更多机会参与到中国乃至世界各地的城市建设中去，本书适
用于中国建筑学会会员单位及建筑学爱好者。

责任编辑：唐　旭　李东禧　吴　佳
责任校对：芦欣甜

中国建筑学会团体会员年报（2017）
中国建筑学会　主编
＊
中国建筑工业出版社出版、发行（北京海淀三里河路9号）
各地新华书店、建筑书店经销
北京京点图文设计有限公司制版
北京缤索印刷有限公司印刷
＊
开本：880×1230毫米　1/16　印张：8　字数：250千字
2018年3月第一版　　2018年3月第一次印刷
定价：90.00元
ISBN 978-7-112-21618-5
　　　（31263）

《中国建筑学会团体会员年报（2017）》
编 委 会

主 任 委 员：修　龙

副主任委员：仲继寿

编　　　　委：（以汉语拼音为序）

陈　慧　东　方　王　京

王晓京　魏　巍　文会平

徐艳杰　杨　群　张和平

前　言

　　《中国建筑学会团体会员年报（2017）》（以下简称"年报"）终于出版发行了，这是学会服务会员的一件大事，也是一件不容易的事。从最初策划、征集资料、修改编辑、到最终定稿，经过了大半年的时间。这段时间内，60家团体会员单位对学会工作给予了完全的支持，不厌其烦地按照学会和出版社的要求对相关资料进行完善，最终使《年报》得以出版。在此，我谨代表学会对相关单位的支持表示感谢。希望《年报》不仅能够较为全面地反映学会会员取得的成绩，也能成为外界了解中国建筑学会、了解学会会员最便捷的渠道。如果这个目的能够达到，那么我们一起所付出的努力就是值得的。

　　中国建筑学会将"学术追求、行业引领、政府助手、会员之家"作为学会工作的指导方针。其中，贴近会员服务，打造会员之家是一切工作中的重中之重。为了对学会的团体会员有一个全面的展示，将会员的成绩和经验在更大范围内进行传播，学会2017年年初决定编辑出版《年报》，并专门划出专项资金，从会员部抽调专门人员，全力做好这项工作。《年报》对于其他学会来讲是一项开展多年、较为成熟的工作，但对于中国建筑学会来讲，编辑出版《年报》还是头一次。因此，尽管学会工作人员已经十分细心，但书中难免会出现这样或者那样不尽如人意的问题，请大家给我们提出来，以便将来不断改进、完善。

　　中国特色社会主义已经进入了一个新时代，会员服务工作也需要不断加强和创新。"年报"只是为学会切实做好会员服务工作开了一个好头，接下来学会还将不断开拓会员服务的外延和内涵，丰富会员服务的形式和内容。我希望能有更多优秀的企事业单位加入中国建筑学会的大家庭中来，也希望能有更多优秀的企事业单位在"年报"中得到展示。

　　谢谢大家的支持！祝愿所有会员在新的时代取得新的、更大的成绩。

中国建筑学会理事长

目　录

筑博设计（集团）股份有限公司
Zhubo Design Corporation

官方网站：www.zhubo.com ｜ 新浪微博：@ 筑博设计 ｜ 微信号：ZHUBO–DESIGN

办公 / 文化 / 教育

筑博设计股份有限公司成立于 1996 年，2012 年正式改制为股份制公司，是具有建筑设计甲级资质、城市规划甲级资质、市政（道路、桥梁、给水工程）乙级资质和风景园林乙级资质的综合设计机构，汇聚专业技术及管理人才 1600 余人，其中 25% 人员拥有中高级职称、博士学位，国家一级注册建筑师、国家一级注册结构工程师、国家注册规划师、国家注册公用设备工程师、国家注册电气工程师、国家注册造价工程师共 150 余人。

筑博现任中国勘察设计协会理事，深圳市城市规划学会常任理事单位，深圳市勘察设计行业协会副会长。一直以来，筑博致力于打造设计全产业链与建筑技术开发综合解决方案服务商，业务范围涵盖城市规划、建筑工程、建筑智能化、室内装饰、风景园林、照明工程、设计咨询。

深圳泰然大厦
竣工时间：2013 年　建筑面积：168558 平方米　用地面积：24522 平方米
工程地点：广东深圳

深圳西丽文体中心（建设中）
设计时间：2016 年　建筑面积：105000 平方米　用地面积：41969 平方米
工程地点：广东深圳

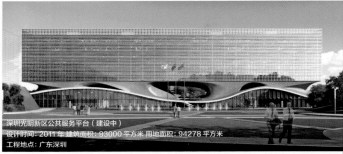

深圳光明新区公共服务平台（建设中）
设计时间：2011 年　建筑面积：93000 平方米　用地面积：94278 平方米
工程地点：广东深圳

三亚亚龙湾行政中心
竣工时间：2012 年　建筑面积：　　　　　用地面积：35049 平方米
工程地点：海南三亚

超高层

长沙保利国际广场
合作单位：湖南省建筑设计院（施工图）
设计时间：2009 年
建筑面积：799000 平方米
用地面积：122942 平方米
建筑高度：22　米
工程地点：湖南长沙

深圳京基滨河时代
合作单位：Laguarda.Low Architects（商业设计）
设计时间：2010 年
建筑面积：430000 平方米
用地面积：55300 平方米
建筑高度：300 米
工程地点：广东深圳

武汉保利关山村 K26 地块
项目时间：2016 年
建筑面积：167000 平方米
用地面积：18505.88 平方米
建筑高度：150 米
工程地址：湖北武汉

深圳宝荷医院
等级：三级甲等综合医院
规模：800 床
设计时间：2008 年
建筑面积：134950 平方米
用地面积：96403 平方米
工程地点：广州深圳

酒店 / 教育 / 医疗

深圳吉华医院（建设中）
等级：三级甲等综合医院
规模：3000 床
设计时间：2016 年
建筑面积：592700 平方米
用地面积：97800 平方米
工程地点：广州深圳

三亚亚龙湾瑞吉度假酒店
竣工时间：2012 年
建筑面积：90708 平方米
用地面积：204032 平方米
工程地点：海南三亚

华润小径湾贝赛思国际学校（建设中）
建设时间：2016 年
建筑面积：40653 平方米
用地面积：78043 平方米
工程地点：广东惠州

住宅

大连·南山首府
竣工时间：2012 年
建筑面积：117482 平方米
用地面积：51916 平方米
工程地点：大连

虎门万科·紫台
竣工时间：2013 年
建筑面积：200362 平方米
用地面积：60570 平方米
工程地点：东莞

上海置业·华府海景
竣工时间：2011 年
建筑面积：111842 平方米
用地面积：35832 平方米
工程地点：上海

设计时间：2012 年
建筑面积：269302 平方米
用地面积：157409 平方米
工程地点：广东惠州

大连市建筑设计研究院有限公司
DALIAN INSTITUTE OF ARCHITECTURAL DESIGN & RESEARCH CO.,LTD

大连市建筑设计研究院始建于1952年，2005年7月顺利改制为大连市建筑设计研究院有限公司。公司实行内部集团经营管理，设有10个综合设计研究院、规划设计研究院、景观设计研究院、机电设计研究院、室内设计研究院、建筑经济与工程咨询研究院、建筑方案创意工作室及结构大师工作室、绿色建筑研究所、建筑节能研究所、结构技术研究所、住宅设计研究所；公司设市场经营部、技术质量部、人力资源部、财务部、行政办公室、子公司、沈阳分公司。各设计研究院下设多个设计所及建筑师工作室，形成系统化项目管理框架。机电设计研究院下设照明设计所、建筑智能化设计所、市政管网设计所、机电工程设计所，为业主提供专业化的机电服务。

主要业务范围包含工业与民用建筑、城乡规划、园林景观、市政管网、建筑装饰工程设计、建筑幕墙工程设计、轻型钢结构工程设计、建筑智能化系统设计、照明工程设计、消防设施工程设计、人防工程设计及建筑、城市规划工程咨询、工程造价咨询、机电顾问和工程总承包等。

项目名称： 西双版纳国际度假区酒店项目

地点：
项目位于云南省西双版纳州景洪市西北部，距离景洪市区约8公里，距离景洪机场约12公里。项目周边均为规划道路，用地西侧为规划的C13市政道路。

设计说明：
建筑功能
本项目由一座2～3层六星级酒店和2～3层商业酒吧街组成
规划要求
本项目整体用地面积约为159600平方米。总建筑面积约为4.56万平方米，建筑密度为14.19%，绿地率为63.60%，容积率为0.29，航空限高约20米。 地上建筑总面积30236平方米，地下面积15020平方米。

三、设计概述：
西双版纳六星酒店的特色在于其建筑风格依循所处的特殊地理位置，既沿袭了万达酒店优雅浪漫的度假风格，整体建筑风格又非常地方化，民族特色十分鲜明，充分发掘西双版纳热带自然环境和少数民族风情的独特资源，融入新的设计开发理念，把傣族的建筑风格融汇其中，融合自然，并在保证简洁现代的同时，又不失当地传统建筑的古朴厚重。

酒店建筑群体以西双版纳傣族传统村落为型，因地制宜，随山采形，结合当地传统文化，加以现代构成手法，体现出独具创意的建筑空间之美。

室内屋顶精细多层次的木结构，与室外现代精致的景观相呼应，风景引入室内空间，形成极佳的景观视野，使得建筑与景观充分融合。建筑巧置于西双版纳山林的优美风景中，也成为风景的一部分。建筑融于自然，和谐共生，如同一幅写意的山水画卷。

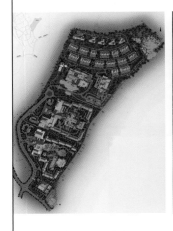

项目名称： 大连凯丹广场

地点：
项目位于大连东港地区，第三横向路以南，长江路以北，第七和第八纵向路之间。本项目基地面积为66018平方米。

设计说明：
一、建筑功能
本项目由高层服务公寓、一个4层的商业中心、地下停车场、地下设备用房组成。

二、规划要求
本项目基地面积为66018平方米。建筑密度为50%，绿地率为30%，容积率为4.4，限高100米。 地上建筑总面积196439平方米，地下面积126292平方米。

三、总体规划
项目位于大连东港地区临海新开发区域。地铁与本项目的地下一层有直接的连接。北面直接面海，高层的高度将会充分利用这个视野，并使南面有朝向大连商业中心地区的视野。商业部分占据了具有最高可见度的西北角，并按照对本身有利的条件连接地铁通道，东北部和西南部的服务公寓会有各自不同的朝向来提供一个隐私空间。

四、形式与材料
整个方案是在空中花园和它创建的流动形式与建筑形式如何相互影响的前提下建立的。商业中心的体量逐渐削减并创造出一个开向花园的空间，同时与曲面桥梁和地形相依。服务公寓楼都是以相似的建筑元素玻璃、钢筋混凝土建立的，但是立面和虚实比例的一些微妙的改动赋予每个高层独特的特色。服务公寓B1座凭借向下延续玻璃外观来变成商场立面，使自己融入商业裙房中。这栋高层对其曲线立面有些细微的改动，以某种方式暴露楼板的一部分与商业建筑形式衔接。服务公寓C1座和C2座随地呈曲线形逐渐向上变窄，建立一个从空中花园伸出的细长形式。服务公寓A1座和A2座相对其他高层作了一个转化，有一个更低、更长、由更多实体空间组成的体块，在南部边缘起到一定的缓和作用。总之，空中花园贯穿于整个方案，将街景与场内空间紧密结合为整体项目形成一个更舒适的景观。

五、景观
景观以空中花园作为主要焦点，它缓缓地从街道边缘开始升高，形成一个混合草本和木本植物的融洽的人行公园，缓和的波动地形，使立面变化与路面相呼应。景观的曲线形式和商业中心屋顶共同建立一个利用周边广阔海景的行人使用区域。

六、绿色建筑设计
项目在绿色节能方面实行双标准，在满足国内公共建筑节能、绿色建筑的同时，要求达到国际LEED认证，采取从设计、选材、构造等方面的优化调整，提高暖通冷水机组能效指标等一系列措施。

项目名称：盘锦·锦联经典汇商业街项目

地点：
本项目位于盘锦市兴隆台区，东起芳草路，南临螃蟹沟，西至石化路，北临石油大街，总规划用地面积 62490.9 平方米。

设计说明：
项目背景
盘锦是一座正在飞速发展的产业型城市，以旅游、休闲为代表的新型产业文化正成为当下城市的名片。在红海滩、芦苇荡等各类特色自然景观的掩映下，本土文化的彰显和地域风情的表达成为城市发展尤为关注的新课题。
设计理念
盘锦锦联经典汇项目的设计理念传承本土文化的脉搏，紧跟时代的脚步，力求将国际主流文化与本土特色文化相结合，通过将中式的院落空间、西式的经典工业化技术美学、本土的文化符号相融合的设计理念，力求打造出一条诠释城市文化、彰显企业品牌、结合国际模式的新型本土化时尚商业聚落。
方案特色
在设计手法方面，设计师专注于流动的空间细节，建筑单体的布位和坡屋面形式美的整体控制是该项目的建筑构思特点。
空间灵活
通过对自然聚落屋顶肌理的模仿以及对功能空间的极致刻画，将使得游走于街区之中的人们切身体会到该项目的文化、活力、自然和别具一格的空间蒙太奇般的魅力。
特色屋面
时连时断的屋面将整个街区空间连为一体，在彰显街区特色、凸显时代时尚的同时，也将该项目刻画为盘锦一道崭新的商业文化风景线。

项目名称：大连服务外包基地 Q 地块软件外包、研发项目 Q2 区

地点：
项目用地位于大连市甘井子区辛寨子街道大东沟村科技园区内。南侧为明珠路，西侧与东侧均为规划路，北侧为 Q1 地块。本项目基地面积为 15185.5 平方米。

设计说明：
一、建筑功能
本项目由多层办公楼，地下停车场及配套设施组成。
二、规划要求
本项目基地面积为 15185.5 平方米。建筑密度为 22.80%，绿地率为 35%，容积率为 0.79，限高 24 米。地上建筑总面积 12000 平方米，地下面积 6875.60 平方米。
三、总体布局
建筑物位于山坡台地上，沿西侧规划道路设置主要出入口，总体布局与地形环境有很好的切合度，U 形造型的设计使建筑有最大的观山景观面。
四、形式与材料
整个方案的总体思路是为体现 IT 行业的时尚以及理性的特点，用简洁、现代的风格与自然环境相融合。办公楼的材料元素主要为玻璃、钢、混凝土。立面和虚实对比赋予整栋楼活泼、现代的形象。建筑造型上的 U 形设计，使山体景观最大幅度的渗入建筑之中 给予高压环境下的 IT 工作者们一个放松愉悦的工作环境。总之，对于将环境的利用及使用者的特点充分融合，在建筑空间中试图改变工作者的生活品质及环境。
五、景观
景观山景渗入为主要焦点，缓缓地将山景融入建筑及场地之中，利用高差错落的台阶及远近景的绿化设计及对比，营造一个优美亲近的自然环境。

项目名称：星海湾金融商务区 XH-3-AB 地块项目

地点：
本项目位于大连市沙河口区，中山路与会展路交汇处。

项目概况：
用地面积：10700 平方米
建筑面积：146270 平方米
建筑高度：222.9 米
结构形式：框架—核心筒、剪力墙

设计说明：
本项目为超高层办公楼，地上 51 层，地下 2 层。设计出发点是以人为本，创造高效率、人性化的办公空间。平面设计高效、简洁，运用先进的现代建筑设计理念，以人为中心，合理布局，充分考虑办公人员的使用功能需要和心理需求；外观处理充分体现现代简约风格的主要特点：简洁与实用，主张废弃多余烦琐的附加装饰。利用简约而不简单的设计元素，通过设计整合，以获得时尚、轻松、自然的办公空间。

甘肃土木工程科学研究院

甘肃土木工程科学研究院成立于 1963 年，曾依次隶属于冶金工业部、中国有色金属工业总公司、国家有色金属工业管理局，曾是中国有色金属行业的唯一一所综合型建筑科学研究院。1999 年作为国家首批 242 个科研院所之一转制为科技型企业，2001 年属地化管理后，现直属于甘肃省住房和城乡建设厅，是甘肃省工业与民用建筑行业资质分类最多、综合性最强的科研机构。中国有色金属工业建设工程质量检测中心依托本院设立。

甘肃土木工程科学研究院现有正式职工 268 人，聘用职工 130 多人，包括享受国务院津贴专家、甘肃省领军人才、行业及省级优秀专家在内的中高级工程师 185 人，各类注册人员 132 人。拥有建筑及有色金属行业甲级、乙级资质 31 项，是涵盖工程总承包、工程建设咨询、建筑设计、景观规划、岩土勘察、地基处理、工程监理、检测鉴定、抗震加固、试验检验、建材研发应用、钢结构工程、工业防腐、水泥工艺、既有建筑节能改造、水文地质及灾害治理、投资及节能评估、工程招投标代理、室内环境监测、绿色建筑技术应用等业务领域的高新技术企业。

全院质量管理体系通过 GB/T19001-2008/ISO9001:2008 认证；院检测中心通过国家检验机构认可资质、国家实验室认可（CNAS）资质、国家资质认定计量认证资质、甘肃省技术监督局资质认定计量认证（CMA）资质，具备了按相应认可条件准则开展检测和校准服务的技术能力，具有司法鉴定、事故仲裁的技术资格，可参与国际间合格评定机构认可的双边、多边合作业务交流。

近年来，我院建设有包括甘肃省民用建筑及大型公共建筑能耗监测和统计平台、甘肃省建筑物耐久性诊治工程技术研究中心、甘肃省建设工程安全质量监督管理平台、国家科技部创新企业共享服务平台、西北地区太阳能建筑一体化联合研究中心等 15 个国家级和省级科研技术平台 取得科研成果 200 余项、国家及省部级科技成果奖励 100 余项、授权专利 20 余项、发明专利 9 项，编制完成几十项国家、行业和地方标准规范。

经过多年的潜心研究和创新发展，我院在新型城镇化人居环境建设、建筑结构检测鉴定、既有建筑抗震加固、大厚度湿陷性黄土地区地基处理、建筑性能材料开发应用、绿色建筑和建筑节能、建筑物纠偏平移治理、建筑物耐久性诊治、水泥工艺工程、工业和民用建筑和设备的防腐蚀等方面的技术成果和能力在全国达到行业内领先或先进水平，为甘肃省建设事业的科技进步作出了突出贡献。

我院始终以"质量求信誉，创新求发展"为宗旨，立足西部，开拓进取，在西部工程建设和全国有色金属工业建设领域的土木工程技术研究应用以及四川汶川、青海玉树、甘肃舟曲等特大自然灾害地区的建（构）筑物鉴定治理和灾后重建工作中奉献出全面、专业、优质、高效的综合技术服务水平，荣获全国及甘肃省"五一"劳动奖状、全国"工人先锋号""全国用户满意单位"、全国"重合同守信用企业"、"全国工程质量检测行业先进单位"、"全国工程勘察与岩土行业诚信单位"、"全国建设工程质量监督系统抗震救灾先进单位"、"甘肃省优秀勘察设计企业"等多项社会荣誉，被选举为甘肃省勘察设计协会、甘肃省建设科技与建筑节能协会、甘肃省金属结构与门窗协会的理事长单位。

在新的历史时期，甘肃土木工程科学研究院将致力于打造全国一流、西北领先的具有鲜明专业特色、先进科研应用、雄厚技术实力的土木工程咨询企业。坚持"科技引领、精心管理、工匠精神、超值服务"的质量方针，竭诚为客户提供高质量满意的服务。秉承"开拓、笃行、诚信、共赢"的经营宗旨，不断增强核心竞争力，提升在行业中的地位和作用，努力成为甘肃土木工程科技发展的引领者。

地址：甘肃省兰州市城关区段家滩路 1188 号
电话：0931-4682447
网址：www.3bcivil.com

甘肃土木工程

甘肃土木工程

敖润九州住宅小区项目

敦煌天河大酒店项目

中远创业大厦项目

哈密南岗建材有限公司　2000t／d 预热分解系统改造项目（EPC）

兰州市雁滩公园水榭及长廊顶升加固工程

Best™ 探索者
explorer software

探索者BIM结构软件的正向设计解决方案在某万达项目中的实践应用

中建上海院以某万达广场作为BIM正向设计的第一个试点大商业项目。此工程为总建筑面积约11.68万平方米的大型商业中心，项目分为地下1层，地上4层，其中四层及四层以上是一个大的坡屋面。而作为最早提出全专业、全流程、正向BIM设计解决方案的探索者BIM结构软件也作为项目的软件支撑，来协助中建上海院完成此项目，同时也证明了**BIM正向设计是行业的发展趋势**！

北京探索者软件股份有限公司

此项目难点：

★ 使用万达的项目样板，使用万达的梁、柱构件族。

★ 万达项目用户要求达到"图模一致"。

★ 送入到专业的算量软件做用量统计。

探索者解决方案：

1 结构设计正向流程

计算分析模型

优势：
根据万达项目样板，
使用万达的族，生成结构模型

探索者数据中心

三维结构模型 — 通过TSPT for Revit → 梁、板、柱施工图 — 校审 → 最终版施工图

导入计算数据 — 修改

修改

建筑、MEP专业协同

通过探索者数据中心（TSDCP）读取计算模型数据生成万达项目的Revit结构模型

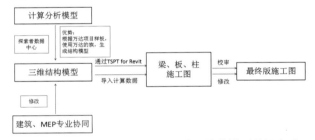

1.数据中心

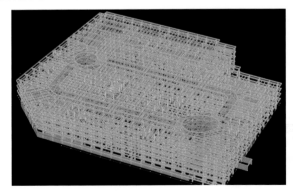

直接读取计算数据，使用万达项目样板、构件族生成三维结构模型

万达项目族文件加载

使用万达的项目样板，通过探索者族库管理系统加载万达的构件族，生成符合万达项目标准要求的结构模型

2.通过探索者TSPT For Revit读取计算数据生成梁、板、柱、墙施工图

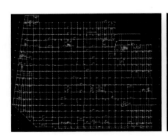

梁施工图截图　　　　　梁施工图放大截图

图模一致

万达的梁构件组的属性参数完全打开，写入了构件的配筋信息，是图模一致的前提

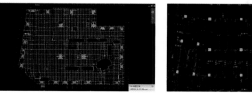

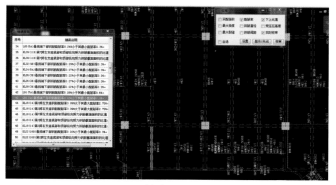

校审

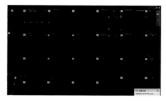

板施工图

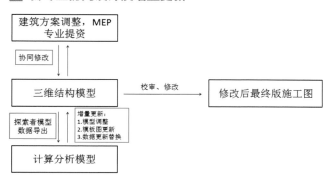

柱施工图

2 各专业协同设计及增量更新

反复修改施工图时探索者可以实现：

★ 重新更新计算数据，按照新的计算数据生成新的施工图、图面校审，修改。

★ 保留之前修改的支座信息。

中建上海院对结构专业BIM正向设计的总结：

节点图由于示意性较强，且受制图规范和格式限制，难以通过BIM的实际模型来导出相应图纸，所以仍需要CAD制图来辅助。但各层80%以上的平面图纸是可以完全由BIM正向设计完成，如留洞图、柱平法施工图、结构模板图、板配筋图、梁平法施工图。通过实际模型来由上面的图纸可以看出，BIM正向设计所输出的施工图纸与CAD制图效果基本相同。

万达项目中建上海院BIM负责人对探索者软件的评价

★ 探索者软件完成了50%及以上的工作量

★ 达到"图模一致"，生成符合万达标准的结构模型和施工图

★ 把模型和施工图数据送到算量软件做用量统计

探索者全专业BIM应用解决方案：

是以云平台及三维协同管理平台为支撑；通过"三维设计、二维表达"的方法；贯穿全专业三维设计的建模、设计、计算、出图、应用全流程、正向BIM设计的解决方案。
经过实际项目的检验，充分应用探索者BIM正向设计解决方案，将大幅提升项目整体设计效率。

持续探索，助力行业发展！为行业BIM发展及应用落地提供高效解决方案！探索者公司始终为客户的成功而不懈努力！

增量更新

北京探索者软件股份有限公司，成立于1999年，是建筑工程软件领域提供全专业二三维一体化解决方案的软件开发商和服务商。探索者公司在图形技术领域具有深厚的技术积累，是Autodesk公司的ADN成员、Bentley公司的BDN成员、国际OpenDWG组织成员，是国家高新技术企业和双软认定企业，是唯一参与《建筑结构制图标准》修订的软件企业。自公司创立起，探索者公司先后与全国近3000家优秀设计企业合作，以服务先行的经营理念，不断推进产品的研发和服务水平。历经近20年发展，已成为北京总部集销售、研发、服务、咨询为一体，并拥有遍布全国的二十家办事处的建筑行业内知名软件公司。2016年8月探索者软件成功在"新三板"挂牌上市（股票代码：839007），掀开了企业高速发展的新篇章。

北京维拓时代建筑设计股份有限公司

BEIJING VICTORY STAR ARCHITECTURAL
& CIVIL ENIGEERING DESIGN CO.,LTD

所 在 地：中国·黑龙江哈尔滨
主要用途：商业、滑雪
客　　户：哈尔滨万达城投资有限公司
占地面积：19.25 公顷
总建筑面积：36.96 万平方米
建筑高度：119.6 米
设计时间：2013 年 6 月至 2017 年 6 月
施工时间：2013 年 6 月至 2017 年 6 月
预　　算：60 亿元

1. 滑雪馆内景：简洁宏大的空间内，整合了 6 条不同类型、不同要求的雪道
2. 嬉雪区：在首层由城堡、冰滑梯、雪山等多种元素组成的儿童娱乐区域
3. 商业街：巨大的滑雪馆成了天窗中的风景
4. 冰场：位于商业街东侧，与西侧滑雪馆遥相呼应。开放式的空间吸引着更多的参与者
5. 万达茂鸟瞰：一抹鲜红舞动在天空，唤醒了全区域的经济活力

北京维拓时代建筑设计股份有限公司

哈尔滨万达茂是哈尔滨万达文化旅游城的核心项目：包括世界最大室内滑雪场、室内滑冰场、高科技电影乐园、东北最大电影城、室内步行商业街、娱乐楼、超市、国内最大采暖停车楼等功能。万达茂专业技术难度极大，包含建筑创新、结构超限、设备制冷、电气智能化、消防性能化、LEED 认证、声学设计、BIM 设计等多项国内领先技术应用。

室内滑雪场为建筑创新领域，以其无地域差别、无季节差别、全天候的优势，带给人们更好的运动休闲体验。哈尔滨万达茂室内滑雪场为世界最大的室内滑雪场，可同时容纳 3000 人滑雪。建筑面积达 8 万平方米，雪面面积 5.8 万平方米，雪道落差 80 米，室内滑雪场长 500 米，最大宽度 150 米，最大高度 120 米，设六条不同级别滑雪道，最长雪道达 480 米。滑雪场下方结构架空，由斜向钢结构筒体巨柱支撑，跨度 150 米。室内滑雪场的室内温湿度有特殊工况要求，常年覆雪，本项目各项硬件设施远超目前世界其他室内滑雪场。

项目为首个第四代室内滑雪场，因为其重要的战略地位以及在国际上的影响，从设计创新到技术难度以及细节把控，对设计团队都提出了更高的要求。项目主要设计难点包括：超大体量、特殊非线性造型、复杂的室内功能及空间关系，动线设计、保温构造设计与地域条件分析、极寒条件下的大跨钢结构、消防设计、制冷工艺、运输设计、视线分析、管线整合等诸多技术难点。在设计全程运用 BIM 技术辅助设计。

项目已于 2017 年 6 月顺利开业，深受广大滑雪爱好者的喜爱。其建成将改写世界室内滑雪场的历史，创造世界独一无二的室内冰雪奇观。

维拓
设计

北京维拓时代建筑设计股份有限公司

BEIJING VICTORY STAR ARCHITECTURAL
& CIVIL ENIGEERING DESIGN CO.,LTD

所 在 地：中国·云南西双版纳
主要用途：旅游度假小镇
客　　户：首创集团北京经济发展投资公司
占地面积：4.3 公顷
总建筑面积：15846 平方米
容积率：0.37
设计时间：2010 年 1 月至 2011 年 11 月
施工时间：2011 年 11 月至 2013 年 4 月
预　　算：1.2 亿元

1. 项目周边环境优美，三面被原始森林环绕，一面与万亩茶园相伴，小镇与当地浓郁的民族风情、得天独厚的生态景观交融一体，浑然天成
2. 仿照传统西双版纳建筑的歇山屋顶，正脊短，高大峻急，设有重檐，出挑深远
3. 通透外廊，是室内外过渡的"灰空间"地带
4. 西双版纳属于热带雨林地区，雨水多，瞬时雨量大，陡峭的坡屋顶有利于雨水瞬间排净
5. 建筑群体错落有致，建筑主体若隐若现，远观只见绿树黛瓦的景色，真正做到生长于自然之间

在西双版纳，传统建筑的精华在于它独具个性的地域与民族特色，这些特色是其延绵不绝强大生命力的重要因素。而生命力则是我们新时代建筑师应当发扬和传承下去的。为了能够造出具有生命力的房子，我们多次往返西双版纳采风，放慢生活节奏，汲取地域建筑人文的营养，充分研究西双版纳传统建筑的形式以及生活方式，是设计前的必要工作。我们去传统古老的傣寨里与当地民众共同生活，用心感受那独有的文化氛围。

传统版纳建筑有着非常考究的空间布局。"展"为露天设置，功能对外，光照充足，可以称之为"白"空间；外廊为半室外空间，有屋顶无外墙，功能为内外空间的过渡，可以称之为"灰"空间；而堂屋、卧室为私密空间，功能对内，开窗甚少，可以称之为"黑"空间；这种"黑、白、灰"的空间布局方式显示出古人对建筑空间的智慧，主次分明，简单合理。

我们用现代的建筑技术和生活方式来改变传统建筑的不足、将传统的民居风格与现代建筑所营造的生活方式完美结合，进一步加以抽象提炼，做到"形神兼备"。提供给他人一种只有在西双版纳才能享受到的全新的生活方式，一种超越基本生活方式之上的精神艳遇，像是一场与西双版纳的浪漫的邂逅。

她，不是舶来品，不是千篇一律的住宅；她，是唯一，是传统的再生。

启迪设计集团
Tus-Design Group
人居环境技术集成引领者

启迪设计集团股份有限公司

项目名称： 江苏硅谷核心区项目
所 在 地： 江苏省句容市
主要用途： 产业园
占地面积： 41.2 公顷（科研办公：23.8 公顷，居住及配套 17.4 公顷）
建筑面积： 68.1 万平方米
设计时间： 2016 年

近年来，随着全球性金融危机所带来的新一轮经济组织形式的重构，使得创新必然成为我国经济发展最重要的驱动力。而科技产业园作为创新、创业的载体以及经济升级转型的载体，如今更是被提升到了一个新高度。

如何在国家宏观政策背景下，将启迪控股及启迪设计的优势资源对接句容主导产业，为句容产业注入新的活力，以落实完善句容整体的发展格局，是本项目需要重点考虑的问题。

江苏硅谷核心区项目是启迪控股与句容市政府联合打造的环南京东部创新资源集聚地和新兴产业承接带，以数字产城为引领、集群式创新为特色；以大学城、科技研发、科技创新为支撑的智慧数字产城示范项目。

基地位于西部干线两侧，省道 S122 北侧，距离市距离区约 3 公里，至南京禄口国际机场约 37 公里、南京南站约 35 公里；未来与轻轨 S6 线无缝对接，基地区位优势明显，交通十分便利。作为江苏硅谷核心区的启动区，项目由三块科研办公用地和两块配套居住用地组成。

■ 城市创新发展的需求

句容依山傍水、宜居宜业，并连接南京仙林大学城与江宁大学城，形成了月牙形的科教走廊。近几年，句容发挥紧邻南京的优势，抢抓南京的科教资源，走创新发展之路。

在此背景下，江苏硅谷项目以扬子江城市群高速互联计划为背景，积极引进启迪控股旗下相关产、学、研等各类项目，打造数字产业、数字园区、智慧句容等数字产城为核心产业的高技术产业基地，支持句容科技、产业、创新、人才等领域战略发展。以全新理念和模式打造的江苏硅谷必能在分享创新红利的同时，为区域注入新的动力。

■ 产业规划

布局研发经济引擎，打造"一源、一核、两辅"的科创平台，重点打造"孵化投资、科技金融、科技服务"三大服务平台。

一源

以清华大学产研资源为产业源头，聚焦高等学府的产研资源，成立数字智慧专项研究机构，聚焦高等学府的人才资源，组建"清华大学智囊团"。

一核

以智慧数字为核心产业，依托"中国数字产城联盟"，发挥中兴通讯、紫光股份、世纪互联、软通动力、同有科技的技术优势。

两辅

以人工智能产业和物联网产业为辅助产业，以启迪龙头企业为带动，打造人工智能产业链和物联网产业链。

■ 规划构思

开放 共享 活力——为产业创新提供多元化的物理空间，发挥社会效益

打造"点—线—面—网"四位一体的开放公共空间体系。以启迪展示馆前广场为核心，向外延伸出主要的步行景观带，并沿景观带设置配套服务设施；在基地内部结合花园办公，打造组团级公共绿地景观；滨水沿岸建设步行景观栈道。

组团 复合 集约——布局产业重点项目，提高经济效益。

保证连续的城市界面。将多层办公建筑沿城市道路及主要轴线布置，形成连续的界面，为孵化企业发展提供连续的宣传展示面；高层及启迪展示管布置在中轴的端头，形成视觉中心，突出数据中心和展示中心服务综合平台的核心地位；花园办公建筑成组团集中布置在地块内部，为企业提供独立舒适的办公环境。

有机 渗透 共生——自然资源共享，注重生态效益

将自然景观元素渗透进规划布局空间中去。规划方案在强调服务平台资源均好性的同时，在空间上争取自然资源的共享性，方案通过横向与纵向两条主要景观轴联系城市空间与滨水空间，并通过次一级绿轴将水面景观向地块纵深渗透，并与景观主轴连接，每个组团都可以保证景观主轴与滨水空间的视觉通廊。景观规划结合海绵城市的理论实践来平衡产业园区的生态环境。

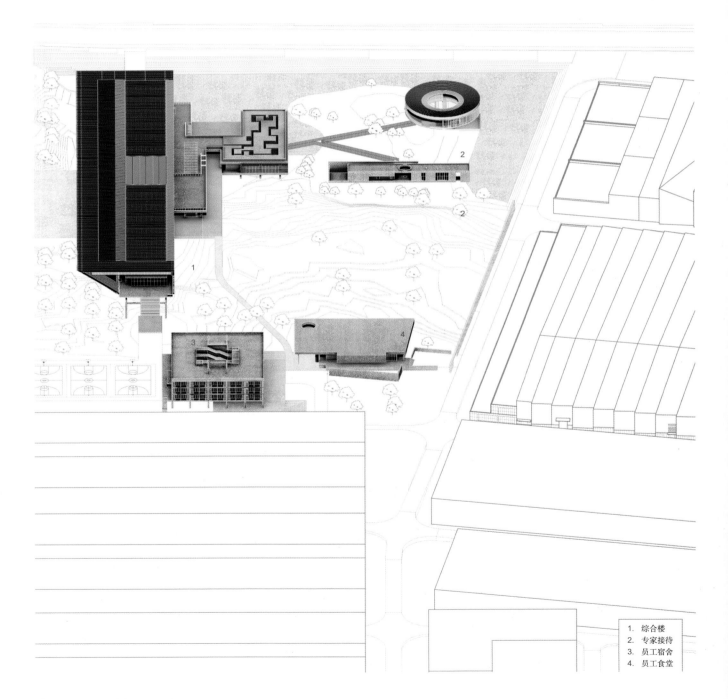

深圳汤桦建筑设计事务所有限公司

项目名称：成都航宇超合金技术有限公司办公及厂区设计（CAST）
合作单位：新疆建筑科学研究院有限责任公司
　　　　　　草晖（新加坡）设计顾问公司
项目地点：四川成都
委托机构：成都航宇超合金技术有限公司
用地面积：265695 平方米
建筑面积：291253 平方米
设计时间：2013 年 10 月—2015 年 1 月
建成时间：2017 年 2 月

1. 综合楼
2. 专家接待
3. 员工宿舍
4. 员工食堂

本项目位于成都天府新区，西南航空港经济开发区内，距离双流国际机场约14公里，属于成都市新能源产业功能区规划的一部分。项目用地东邻成雅高速，西侧为川齿路南延长线。项目所在地块仍然保留着成都平原所特有的林盘肌理——以耕地及鱼塘为主，小型聚落和林地散布其中。因此，设计的重点集中在如何平衡厂区内部由于工艺需要对场地平整以及道路标高的要求和对成都平原特有的地景风貌的保留利用。

在场地内部用地的分期及功能划分时，我们根据不同的使用功能来选择处理场地的策略：办公、展示及接待交流区域以保留原始地形为主，利用原有的景观元素进行场地设计。场地内原有的鱼塘在改造后作为中心水景，原始的植物群落在不影响建设及使用的情况下也尽量保留，结合地形肌理形成变化丰富的梯田式景观；厂房及研发区则主要考虑工艺需求，场地较为平整，景观设计以功能性较强的硬质景观为主，选择速生植物为主要的景观绿植，并控制生长高度，以不遮挡视线为宜，保证高效、便捷的交通联系。

综合楼位于场地西北角，以完整简练的管状出挑外壳沿川齿路南延线展开，在控制西侧阳光的同时，作为该项目的主要形象展示面；北侧布置专家接待功能，在方便连接城市道路的同时，与综合楼也有便捷的交通联系；这一区域的土地开发强度相对较低，以保留原始地形和景观为主。场地东北角地势较为平坦，在该区域设置实验研发中心和生产车间，其余厂房建筑布置于场地南侧的二期建设用地内。

中国科学院国家天文台 FAST 工程观测基地

中国中元国际工程有限公司

所 在 地：项目位于贵州省黔南布依族苗族自治州平塘县大洼凼洼地
主 要 用 途：办公、客房、宿舍三位一体的综合楼
业　　　　主：国家天文台
总建筑面积：10606 平方米
设 计 时 间：2012 年
竣 工 时 间：2016 年

2016 年 9 月 25 日，500 米口径球面射电望远镜落成启用，开始接收来自宇宙深处的电磁波。FAST 工程观测基地是 500 米口径球面射电望远镜（FAST）工程项目的一个组成部分，为集学术交流、办公、科学实验、住宿、后勤于一体的工程观测基地。由综合楼、餐厅、1 号实验室及附属用房、2 号实验室及附属用房组成。

- 规划选址：因地制宜 保护环境
  降低工作生活对射电望远镜的干扰

项目用地位于贵州省黔南布依族苗族自治州平塘县，基地选址地处谷地，视野开阔，四周的山坡均为大片浓密的松林，地面由裸露的喀斯特地貌岩石和丰富的绿草植被组成。基地内自然高差较大，四周高差在 12 米左右，场地中央有一处 10 米深的小窝凼。设计方案充分利用自然地形，减少土方量，节约投资。

把建筑建在坑上：把困难留给自己
把环境留给自然

指导思想：
"尊重自然，尊重环境"
对大片成型的林带及胸径大于 30 毫米的树木予以保护，以自然环境景观为主，以人工环境景观为辅。

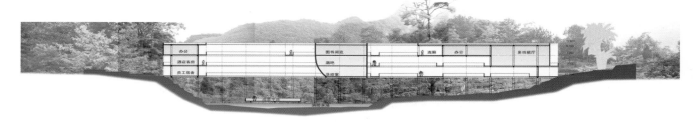

• 建筑风格研究 ——"家"理念的提出

黔南州地处云贵高原东南部，拥有世界上同纬度仅有的喀斯特森林地貌。特殊的地貌与气候条件造就了少数民族丰富的建筑形式，其中以石板房、吊脚楼以及鼓楼、风雨桥等各民族传统建筑为主。

办公、客房、宿舍三位一体的综合楼，其建筑造型的取向已无法偏向任何一种建筑类型。项目本身的特性也让我们进行更深入的思考。

一个在深山密林中的科研基站，远离城镇，没有手机信号，没有 WiFi，甚至没有电视信号，一种与现代信息化社会的"与世隔绝"状态，不管是科学家、研究院，还是普通员工，厨师、服务员，大家的生活处于一种"同质"状态。因此，我们提出了"家"的设计理念，这里的人们已经是一个"大家庭"，工作、实验、吃饭、睡觉都是一种"生活"状态，办公室和宿舍都是"家"。

最终的建筑造型汲取了当地民居的设计语言，为不同身份的人设计一个共同的"家"。

借鉴贵州的民居形式，以木构架为主要特点，
采用吊脚楼的形式减小体量隐于环境中。

与山共舞 自然"家"园

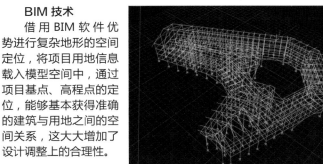

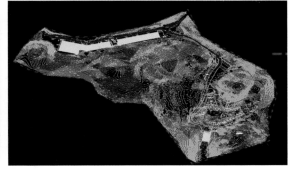

BIM 技术

借用 BIM 软件优势进行复杂地形的空间定位，将项目用地信息载入模型空间中，通过项目基点、高程点的定位，能够基本获得准确的建筑与用地之间的空间关系，这大大增加了设计调整上的合理性。

**JIANGSU PROVINCIAL
ARCHITECTURAL D&R INSTITUTE LTD
江苏省建筑设计研究院有限公司**

南京青奥体育公园位于浦口新城，紧邻城南河。总体规划宗旨是满足比赛、全民健身、教学及展览、演出、休闲等多功能的要求。按照体育休闲化、表演化的思想，市级体育中心"江鸥"和酒店、会议中心"长江之舟"共同组成体育休闲综合体。

体育馆定位为甲级体育建筑，规模为特大型，设计座椅数21238座，是目前国内最大的体育馆。体育场定位为甲级体育建筑，设计座椅数17991座。满足全国性和单项国际比赛。体育馆按照能够举办NBA比赛要求设计，强调体育的娱乐化、表演化，强调观众的舒适性、安全性，强调运营的便捷化、效益化。

所 在 地：江苏南京
主要用途：体育，演出
客　　户：南京市城建集团
设 计 师：刘志军、王端、张飞、宋睿智、赵伟
　　　　　米金星、赵爽、朱波、刘金、郭飞、
　　　　　陈礼贵、朱莉
占地面积：179810平方米
地上建筑面积：90600平方米
总建筑面积：161289平方米
　　　　　（体育场：33017平方米，体育馆：
　　　　　82589平方米，休闲商业：7892
　　　　　平方米）
设计时间：2012年1月至2013年4月
施工时间：2013年4月至2017年10月
预　　算：15亿元

1. 青奥体育公园体育中心鸟瞰
2. 体育馆入口
3. 从连接平台看体育馆
4. 从步行桥看体育中心
5. 通过BIM矫正调整过的设备及管线布置，最大化提升建筑内管道下部空间高度，避免施工重复
6. 青奥体育公园体育中心鸟瞰
7. 从连接平台上看体育场，体育馆与体育场间通过50米跨度的顶棚将两个建筑屋盖部分连成一个整体
8. 从连接顶棚下看体育馆
9. 从入口广场看体育中心

基地从左到右、从下到上依次布置训练馆、体育馆、大平台、体育场、热身场，体育馆和体育场的屋盖部分连成一个整体。体育中心和会议中心、酒店组成体育综合体，强调各功能的互惠互动。

供人流疏散的大平台标高为5.4米，位于体育馆及体育场之间，和跨城南河步行桥连接，将步行系统与外部场地整合为一个有机整体。

立面设计，体育馆和体育场巧妙融合，寓意体态轻盈的沙鸥，与长江之舟组成一幅"长江水阔浪逐流，笛伴鸥鸣送远舟"的动人场景。屋面及侧立面覆盖白色穿孔铝板，板块采用菱形划分，如羽毛包裹，暗喻扑动的翅膀。整个建筑气势磅礴，灵动流畅，具有强烈的雕塑感和标志性。

此外，建筑幕墙还大面积地使用具有手动、联动、远程控制和熔断功能的防火排烟窗。同时，BIM和三维打印技术也全面配合运用于设计及施工全过程。

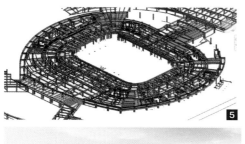

深圳市华阳国际工程设计股份有限公司

深圳华润城（大冲旧村改造）

所 在 地： 深圳市南山区
主要用途： 城市更新 / 城市综合体 / 居住建筑
客 户： 华润置地有限公司
占地面积： 68.4 公顷
总建筑面积： 3,800,000 平方米
设计时间： 2007 年至今
联 合 设 计 单 位： RTKL/UPDIS/MVA/FOSTER+PARTNERS/SWA

作为大冲旧改的项目规划、设计及总协调方，华阳国际负责新城花园、城市花园、都市花园、大冲商务中心、过渡安置区、大涌大厦及润府的方案设计，同时也参与了万象天地的设计工作。更新策略充分利用了项目的区位优势，紧密联系周边环境，不遗余力地保留村里的空间文脉及历史建筑，并赋予其新的内涵与功能，重塑极具空间品质的城市聚落，并续写着这座幸福之城的多元、和谐与活力。

1. 深圳华润城鸟瞰图

2. 万象天地效果图
作为万象城的升级版，打破封闭的商业大盒子模式，引入城市街区和城市生活广场，将购物中心与城市空间贯通融合。
24 小时开放的城市公共通道从地面层层延伸到七层商业屋顶平台，在寸土寸金的深圳引领立体化的空中商业模式，为深圳首家高层裙楼商业中心。

3. 大冲商务中心立面实景照
大冲商务中心定位趋向创新型、科技型企业办公，同时也为大冲商圈提供重要休闲活动场所。华阳国际利用 BIM 平台完成该项目建筑初步设计，进行二维施工图导出，并与施工图设计同步进行 BIM 平台搭建，对可视化三维协同设计进行研究，制定了各专业在 BIM 平台上的三维协同规则。

4. 润府三期效果图
润府三期的设计思路根植于大冲旧改的整体规划脉络。由 6 栋 120～170 米超高层住宅、1栋 180 米超高层公寓组成。立面采用陶板和面砖饰面。其中 6 栋超高层住宅采用工业化方式建造，预制构件类型包括预制混凝土外墙、楼梯、阳台、楼板。

5. 润府三期施工工地

万科云城（一期）
——全国首个工业化超高层办公建筑群

所 在 地： 深圳南山西丽留仙洞片区

主要用途： 公共建筑 - 公寓 / 产业化办公楼 / 商业

客　　户： 深圳市万科房地产有限公司

占地面积： 68.4 公顷

总建筑面积： 519,545.57 平方米

设计时间： 2014.3 ~ 2015.4

全国首个大规模建设的工业化超高层办公建筑群，包括一栋150m、五栋100m 的高层研发办公楼以及公寓、配套商业等。该项目是深圳及深圳万科的第一个工业化办公楼项目，开启了办公楼的工业化建造时代。

其中超高层、高层 6 栋均采用清水混凝土 PC 外墙。标准层预制外墙统一为一种标准构件和一种转角构件，通过窗户的凹进、外平及斜窗丰富立面效果。在连廊、空中平台等公共空间采用大量预制景观小品，使整个建筑成为工业化建筑的展示场所，开启公共建筑 PC 新时代。

6. 丰富的立面效果

7. 内部仰拍

8、9. 施工过程

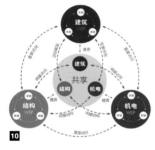

10. 全专业三维协同

莲塘口岸是深圳市政府主导的第一个，也是唯一一个提供全专业全流程 BIM 成果的示范项目。

我们在方案阶段开始搭建 BIM 平台，对建筑方案进行推敲，在施工图设计阶段通过 BIM 平台可视化设计及三维协同工作，充分减少设计变更，从而极大地提高了设计质量。

莲塘口岸

所 在 地： 深圳市罗湖区

主要用途： 公共建筑 - 公共基础设施

客　　户： 深圳市建筑工务署

占地面积： 177,475 平方米

总建筑面积： 130,126.3 平方米

设计时间： 2013 至今

11、12. 莲塘口岸效果图

中元国际（海南）工程设计研究院有限公司
IPPR (HAINAN) ENGINEERING DESIGN & RESEARCH INSTITUTE CO., LTD

中元国际（海南）工程设计研究院有限公司成立于 1988 年，是央企下属独立法人独立资质的甲级设计院（1999 年获得建设部甲级设计资质）。现有各级工程技术人员 130 余人。公司以度假酒店设计为核心品牌，在医院建筑、文化建筑、商业建筑、超高层综合体、高端居住建筑和规划项目等方面经验丰富，作品遍布海南各地。

地址：海南省海口市滨海大道 77 号中环国际广场 9 楼
电话：0898-66101889 66225084
网址：www.hippr.net.cn

项目名称：中环国际广场
性　　质：超高层酒店、写字楼、商业
项目规模：95363.72 平方米
建设地点：海口滨海大道
开 发 商：海南新瑞都实业投资有限公司
设计时间：2011 年 4 月

本项目定位为超高层办公酒店综合楼，地上 39 层，地下 3 层，总建筑面积 95363.72 平方米，总建筑高度 153.40 米。

主楼平面布局采用"♠"形平面形式，结合现有基础范围，主体靠南，北侧退红线 25 米为绿化控制带，在北侧布置裙房，北侧入口设水景广场。这种布局简洁紧凑，入口广场开敞舒适，形成丰富生动的临街立面，面海面布置办公、客房等。同时将核心筒后移，放置在南端。

此布局方式带来两个好处：

1、达到 270°海景视线，将面海面最大化、最优化，充分享受海口湾、万绿园、世纪大桥的美景。

2、核心筒后移将原本封闭的电梯厅变得开敞明亮，可自然采光通风，并减轻主楼对滨海大道的压迫。

酒店大堂设于 43 层，此做法使大堂视线最大化、最优化，是海南迄今为止最高的酒店大堂。

项目名称：万宁文化体育广场—文化广场项目
性　　质：文化建筑
项目规模：53450 平方米
建设地点：海南万宁
开 发 商：万宁市城乡发展有限公司
设计时间：2015 年 12 月

　　本项目位于万宁市中心区域城北新区内，是万宁市近期重点发展区域，在未来即将扮演着重要角色。总用地面积73735.8 平方米。

　　本项目的定位是：集体育休闲，文化会展为一体的综合性休闲文化运动广场！力争建设成为全岛首屈一指的休闲体育及文化展示的综合性生态园区！

　　规划结构按大体可归纳为两轴四馆一书院。

　　两轴分别为以中心广场，万安书院，以及南北两侧的入口广场的连线形成的主轴，以及与主轴垂直，从西侧入口开始，连续穿过两组建筑的连廊所形成的次轴。

　　四馆分别为东北部的群艺馆，东南部的青少年活动中心，西北部的图书馆，以及西南部的展览馆。一书院为位于主轴上的万安书院。

项目名称：万宁文化体育广场—体育广场项目
性　　质：体育建筑
项目规模：91650 平方米
建设地点：海南万宁
开 发 商：万宁市城乡发展有限公司
设计时间：2015 年 12 月

　　本项目位于万宁市中心区域城北新区内，项目的定位是：集体育休闲为一体的综合性休闲运动广场！力争建成为全岛首屈一指的休闲体育综合性生态园区！

　　体育场：中型乙级场，可容纳 25000 座观众座席。

　　体育馆：中型乙级馆，可容纳 3800 座观众座席，其中包括 3000 固定座席及 800 座活动座席，体育馆以篮球比赛为主，同时兼顾羽毛球、乒乓球、拳击、击剑、体育舞蹈、体操、武术等赛事以及演唱会场之用。

　　游泳馆、全民健身馆：中型丙级馆，游泳馆可容纳 2000 座固定观众坐席，内设标准比赛池及热身池。全民健身馆内设若干健身场地。

　　地下车库：满足体育场馆赛时赛后停车要求，且建成后作为万宁市人防中心。

　　室外场地：200 米训练场 、网球场 6 片（其中 1 片设座席1600 座，可举办地方性、群众性比赛）、篮球场 4 片、排球场 4 片、七人制足球场 2 片。

　　两轴：文体景观轴，北侧体育中心入口呼应文化用地广场，功能空间遥相呼应相得益彰，形成连续有机的城市景观轴线。空间序列轴，体育场位于用地西北侧 ，以体育场为核心，体育馆、游泳馆分别于南侧对称布置，形成大气磅礴的建筑空间序列。

　　两片：完整的体育板块与全方位开放的运动休闲板块，形成合理的平赛功能分区。

[整体鸟瞰图]

[体育场馆透视图]

北京市住宅建筑设计研究院有限公司
BEIJING INSTITUTE OF RESIDENTIAL BUILDING DESIGN & RESEARCH CO.,LTD

项目名称：万科金域缇香
项目所在地：北京市房山区长阳镇
主要用途：居住建筑
建设单位：北京万筑房地产开发有限责任公司
使用单位：北京万科物业服务有限公司金域缇香家
园物业服务中心
占地面积：7.37 公顷
总建筑面积：184735.52 平方米
设计时间：2012 年 2 月至 2013 年 12 月
施工时间：2012 年 8 月至 2015 年 11 月

　　本项目应用了建筑信息模型（BIM）技术，用于指导施工并实现了预制构件的参数化设计。7、8、9# 楼为产业化住宅，7# 住宅楼应用了隔震结构，基础隔震的设置，可使上部结构承受的地震力最大降低70%。同时 7、8、9# 住宅楼为绿建 3 星，1-6#、10-14# 住宅楼为绿建 2 星。

　　本项目综合性强，提升了小区的整体品质，带动了本地区的经济技术发展，顺应了建筑行业的发展方向。项目自身能够形成一个独立生活圈；同时，商业配套部分，也能为周边居民服务。本项目作为一个典型的工程项目的实例，具有实践指导作用。

　　本项目位于北京市房山区长阳镇。建筑类型多样化，包含住宅、商业、商务办公楼、车库、小区配套几部分。建筑立面为现代简约风格，景观设计采用泰式园林风格。在项目整体规划中，建筑单体的排布充分利用了地形高差，通过挡土墙实现高差错落变化，使住宅与沿街商业在高度上拉开距离，减少商业人流对居住品质的干扰。

　　本项目规划设计尊重场地性，为了满足北方人的"阳光情节"，场地布局紧紧围绕均好型原则，正南北向布局楼群空间，由一条主轴线打造两侧建筑群落的秩序。以文化的符号、场景、实物和空间使人、城市、自然融为一体；立面设计追求规整、严谨的效果，以窗作为基础面组织立面关系，利用窗的语言在形式上形成建筑肌理。不同楼型采用不同建筑色彩，通过色彩集体快的穿插将建筑的形体进行划分，挺拔高挑的建筑体态塑造了轻盈明快的沿街形象。

项目名称： 住总地产大厦
项目所在地： 位于北四环惠新东桥东南角，北侧紧
邻北四环，西侧与珠宝城相邻，南邻
富盛大厦，东侧为西藏中学。
建筑类型： 综合建筑
建设单位： 北京住总房地产开发有限责任公司
施工单位： 北京住总第一开发建设有限公司
总建筑面积： 38156 平方米
设计时间： 2015 年 3 月至 2016 年 7 月

本项目总建筑面积 3.8 万平米，地下 3 层，地上 25 层，其中 B1-B3 为食堂、物业管理用房和库房，1F-3F 为商业配套，4F-25F 为办公空间。写字楼部分出租楼层为 4-19F，按户型分割分为整层租赁、半层分割租赁和四户分割租赁，面积为 240 -1400 平方米。

本项目涉及了结构加固，外立面，暖通、给排水系统，电梯维修或更换等 12 项改造内容。涉及的专业为：建筑，结构，设备，电气，精装，景观专业。从方案阶段，到项目的施工实施阶段，全程 BIM 配合，解决了众多设计、施工中遇到的难题。

由于本项目涉及的改造内容很多，也很复杂，是综合性很强，并具有代表性的改造项目。

本项目 "住总地产大厦" 为原 "北奥大厦" 改造，原北奥大厦由多层裙房（珠宝城商业）和高层塔楼两部分组成，改造范围为高层塔楼及其所在广场。改造前存在如下问题：设备设施陈旧，有经营隐患存在，严重影响经营品质；外立面老旧，地标性不强，租金水平不高，大厦使用率较低等问题。

改造后，大厦更名为 "住总地产大厦"。写字楼品质达到了中高档次，立面变为现代简约风格的幕墙体系。提升了与周边写字楼的竞争力，提高了本楼的使用率，增加写字楼的经营效益。改造后，标准层的使用率由原 49% 提高至 75.93%，出租收益提升明显，现出租率达到 100%。

本项目总建筑面积 3.8 万平米，地下 3 层，地上 25 层，其中 B1-B3 为食堂、物业管理用房和库房，1F-3F 为商业配套，4F-25F 为办公空间。 写字楼部分出租楼层为 4-19F，按户型分割分为整层租赁、半层分割租赁和四户分割租赁，面积为 240-1400 平方米。

西安建筑科技大学建筑学院
XI'AN UNIVERSITY OF
ARCHITECTURE AND TECHNOLOGY
COLLEGE OF ARCHITECTURE

1. 依托国家自然科学基金重大项目"极端湿热气候区超低能耗建筑研究"完成"南沙美济岛某招待所"方案设计，运用主被动式太阳能技术，实现超低能耗运行。

2. 改造运用当地材料、提升乡土技术，完成吐鲁番民居改造示范，该项目的设计和建造就地取材，运用了生土技术、吸收当地建造技术和经验、传承了当地的文化传统。

3. 中国科举博物馆位于南京江南贡院遗址区内，是一座全地下的博物馆，由西建大刘克成教授团队于 2012 年 11 月开始设计，2017 年 1 月建成开馆。

4.5. 金陵美术馆位于南京老门东历史街区内，是一座工业厂

西安建筑科技大学建筑学院由梁思成 1928 年创立于东北大学，1956 年西迁至西安。四代学人历经西迁、立足、扎根，持续 60 年发展至今形成根植之势。

目前建筑学学科具有培养建筑学学士、硕士、博士和博士后全系列人才资格，拥有中国工程院院士、长江学者特聘教授、百千万人才工程国家级人选、国家杰青基金获得者、中青年科技创新领军人才，国家重点实验室、省部级实验基地（中心）等实验创新平台，国家重点学科、国家级特色名牌专业等人才资源与培养平台。

学院发挥学科自身的平台资源优势，结合西部的区位地利条件，针对西部地域突出问题，重点围绕西部绿色建筑体系、文化遗产保护、西部地域人居环境、建筑设计及其理论深化与拓展等方向的理论创新与关键技术突破，为我国西部地区建筑设计与城乡人居环境品质全面升级提供理论依据和强力技术支撑。

近年来建筑学学科在建筑教育、科学研究和创作实践方面均有所发展。建筑学专业自 1984 年首获 UIA 国际大学生建筑设计竞赛奖以来，在此后的 12 次竞赛中 10 次获奖 22 项，2017 年的第 26 届 UIA 国际大学生建筑设计竞赛中再获佳绩。发挥本学科在绿色建筑研究方向的优势，完成了"极端热湿气候区超低能耗建筑研究""青藏高原近零能耗建筑设计关键技术与应用""被动式低能耗建筑气候营造方法与关键技术"等研究，推动了我国绿色建筑的发展。在创作实践方面完成了"金陵美术馆""科举博物馆"等项目创作，获得国家优秀建筑创作金奖；师生赴四川地震灾区完成"420 大地震震中龙门古镇规划与设计"获得各方好评。

房改造美术馆。此项目由西建大刘克成教授团队于 2011 年 11 月开始设计，2015 年初改造建成，先后荣获"现代建筑遗产保护大奖""中国建筑学会建筑创作金奖"等奖项。

6. 我院学生自 1984 年首次在 UIA（国际建筑师协会）举办的国际大学生建筑设计竞赛获奖以来，至 2017 年共在 9 届大赛上获奖（每三年一届）。其中 2014 年获一等奖一项、二等奖一项、入围奖 3 项。2017 年获二等奖一项、三等奖 2 项、入围奖 6 项。

7. 王树声教授主持编写的《中国城市人居环境历史图典》（共 18 卷）收录城市图 6000 余幅、文献资料万余篇，为研究和见证中国本土城市规划与设计体系提供了丰厚的资料，受到业内高度关注和好评。

8、9. 龙门古镇、飞仙关游客中心。此项目由李岳岩教授主持设计，于 2015 年开始设计，2017 年完工。该项目——雅安"4.20"大地震灾后重建——龙门古镇核心区、飞仙关南场镇荣获中国建筑学会"2015 年人居经典规划设计"双金奖。

10. 乾县气象监测预警中心，高博老师主持完成，获由中国勘察设计协会传统建筑分会举办的 2017 首届中华建筑文化奖提名。

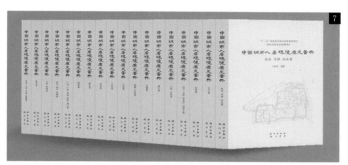

吉林省建苑設計集團有限公司

长春欧亚集团总部大楼、长春净月欧亚购物中心

主创：尹明玉
合作设计师：田乐、陈峰、杨束

01 区位概况

项目位于吉林省长春市净月区，是长春市的南部交通咽喉，用地位于城市生态发展轴的东南起始点，具备独一无二的生态环境优势。

02 城市设计

2.1 设计愿景

欧亚集团总部落户于净月区黄金地段，商业中心开启全新商业模式的转型升级、高品质的提升——是欧亚集团六十多年来发展进一步腾飞的里程碑式建筑。建成后将成为引领长春商业未来发展的航母级建筑。

设计师力图为业主打造区域"商业标杆"、创造一个充满艺术氛围的生态休闲聚集购物场所，为净月西新区吸引高端商务活动及高端商务人群参与经济建设做出贡献。

2.2 城市景观

最贴近矶崎新原始的城市设计，目前整个街区高楼塔楼林立，高度相近，形态上比较单一。欧亚购物中心水平方向延展的大体量的建筑穿插在其中，与周边的高耸挺拔形成鲜明对比。对建筑形态的丰富性有很大的提升。对城市景观的打造奠定很好的基础。

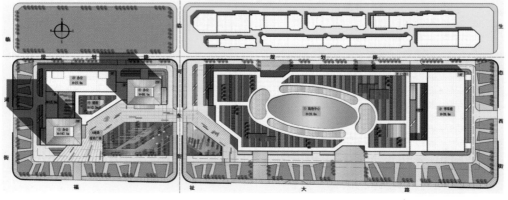

2.3 城市交通

项目地处地铁 4 号线与 6 号线的汇处，周边具备较强的购买力。

配建停车楼与商业平行布置，有缓解区域静态交通压力。

03 建筑设计

商务总部利用设计小尺度共享空间为高层写字楼营造出花园式多层办公质。购物中心，为欧亚量身定制，步行加两端主力店模式

环形动线，使店铺获得更为均等的被浏览概率，回游性好，无死角。

中庭空间增加购物中心的通透感，延长视线的深度，最大化的增加顾客视线内的商铺数量，提高商铺的到达率。使顾客在享受购物的同时，也享受到从灯光与空间中感受的愉悦与舒畅。可不定期举行主题活动，创造人乐意驻足停留的空间，增加人气。

屋顶花园的设计

结合顶层业态，形成新的商业亮点空间。

为巨大的商业体量，增添了亲和力，换给市民一块绿地，迎合区域生态特质。

建筑立面设计

1. 建筑概念的提炼，赋予建筑灵魂。

2. 整体、简洁、大气——欧亚内涵与企业文化的体现。

3. 新颖、国际现代化元素、迷人、有吸引力，与当前及未来商业建筑发展趋势接轨。

生态理念的"购物公园"

1. 连贯的围护结构体现气势磅礴质感，建筑形体一气呵成，沉稳大气，可实施性高。与平面功能结合，从外面可以看到室内不同的主题。

2. "生态"的强调。办公部分利用绿色边庭提高办公楼的品质，商业部分立体停车楼垂直绿化与生态细节绿带呼应。

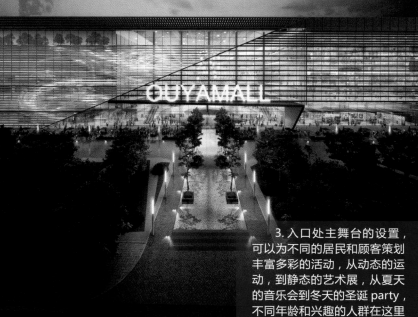

4. 宏伟的规模上富有活力的流动性亮化设计，把建筑立面打造成一个结构性媒介。吻合现在潮流前卫的商业设计手法，在夜晚，这些轻柔的色彩栩栩如生，更能创立城市品牌和企业品牌。

3. 入口处主舞台的设置，可以为不同的居民和顾客策划丰富多彩的活动，从动态的运动，到静态的艺术展，从夏天的音乐会到冬天的圣诞 party，不同年龄和兴趣的人群在这里都可以有多样的体验，从视觉、听觉、嗅觉、味觉各个感官都将会有愉悦的体验。

HAE 廣州瀚華建築設計有限公司
GUANGZHOU HANHUA ARCHITECTS + ENGINEERS CO., LTD.

广州中泰天境销售中心

工程地点：广州市黄埔区九龙镇
用地面积：3000 平方米
建筑面积：883.1 平方米
设计时间：2015 年
竣工时间：2015 年
本项目获：2017 香港建筑师学会两岸四地建筑大奖优异奖

房产开发，留给销售中心的用地一般都比较紧张，本案也不例外。
尽可能节约成本完成销售目标，是销售中心最重要的职能，留
给设计的预算本来就不多。
基于上述现实条件，本案的设计策略因需而设：
第一，在合理功能布局基础上简洁体型，通过玻璃通透处理，
将销售空间的内核凸显于外，吸引顾客眼球。
第二，运用拓扑学原理，在指向性明确的入口部实现销售空间
的内里外翻，引导顾客一探究竟。
设计为销售中心带来了人气，便是对销售工作最大的支持。

广州瀚华建筑设计有限公司成立于 2000 年，是国内较早建立现代管理模式的民营建筑设计企业，持有国家颁发的建筑工程甲级设计资质和城乡规划丙级资质，在大型住区、办公、商业、文化、教育和其他建筑类型等方面拥有丰富的设计经验，创作了广东海上丝绸之路博物馆、广东美术馆时代分馆、耀中广场、中海千灯湖一号花园、时代玫瑰园、广晟国际大厦、保利中环广场、越秀财富天地、郑州 107 国道临时指挥部等众多知名的建筑设计佳作，先后有 150 个设计项目获得各种级别的奖项 300 余项，树立了良好的品牌形象。

1. 广东海上丝绸之路博物馆
2. 云南同德昆明广场
3. 郑州 107 国道临时指挥部
4. 南汉二陵博物馆
5. 邦华环球贸易中心
6. 广晟国际大厦

ADRI OF HIT
哈尔滨工业大学
建筑设计研究院

哈尔滨总部：哈尔滨市南岗区黄河路 73 号
总院办公室： 0451-86283317
综合发展部： 0451-86283310
E-mail： harbin@hitadri.cn

北京总部：北京市朝阳区八里庄东里 1 号莱锦文化
创意产业园 CN12
综合事务部： 010-57892866
E-mail： beijing@hitadri.cn

哈尔滨工业大学建筑设计研究院创立于 1958 年，是全国知名大型国有工程设计机构。依托百年学府哈尔滨工业大学深厚的科研资源与文化底蕴，历经半个多世纪的发展壮大，现已跻身全国行业前列，领军东北地区，荣获中国十大建筑设计公司、中国勘察设计协会优秀设计院、当代中国建筑设计百家名院等殊荣。

我院业务领域涵盖工程项目建设全过程，包括前期咨询、城市规划、建筑设计、风景园林设计、室内装饰设计、市政交通设计、工程勘察、工程监理与项目代建等。工程遍及全国各省、自治区及直辖市，其中 300 余项获得国家金银奖等优秀设计奖励。

我院设有 12 个建筑设计分院、12 个专业设计分院、4 个创作研究中心、3 个国际联合研究中心、多个单专业研究所，以及 7 个外埠分支机构。现有员工近千人，专业技术队伍实力雄厚，拥有中国工程院院士、国家设计大师、国家千人计划专家、国家级有突出贡献专家、国务院津贴专家等一大批设计领域技术权威。

我院作为国家高新技术企业，立足国际寒地建筑工程设计前沿，关注低碳环保与绿色节能技术创新，依托寒地建筑科学重点实验室、东北寒地人居环境协同创新中心、中国 - 荷兰极端气候建造研究中心等国际联合研究机构，搭建了国内顶级寒地建筑人居环境科研平台，承担了国家"十二五"科技支撑计划等一系列重大科技攻关项目，拥有多项国家发明专利，获得华夏奖、省长特别奖及科技进步奖等奖项。

我院始终秉承"苛求完美、精益求精"的设计宗旨和"诚信服务、持续发展"的经营理念，充分发挥高校企业的科研、技术和人才优势，与社会各界携手合作，拼搏创新，不懈努力，为国内外客户提供优质服务，为社会和经济发展奉献建筑精品。

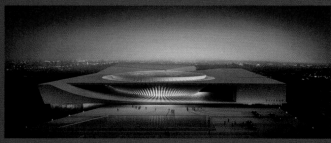

摄影：存在建筑

第十三届全国冬季运动会冰上运动中心建于新疆乌鲁木齐，由速滑馆、冰球馆、冰壶馆、媒体中心及组委会、餐厅和宿舍、动力中心组成。

三个竞赛场馆和两个非竞赛场馆整体连接起来，犹如一朵盛开的天山雪莲。方案以流畅曲线作为场地主要脉络串联5个单体，也是对丝绸文化的现代演绎。建筑师根据体育公园的基本定位，提出了"丝、路、花、谷"的设计理念，从新疆特有的地域特性和传统文化中汲取灵感，紧扣冰上运动需求，展现新疆的灿烂文化和地域美景。建筑造型设计从新疆独特的雪山、戈壁等特色风貌中汲取灵感，以纯净的白色屋顶勾勒出自然雪貌的意象，以层状处理的横向线条模拟戈壁独有的岩层地貌，以细密的回纹图案镂雕水平遮阳板对地域特色进行了抽象的呼应。整体建筑群仿佛掩映在皑皑白雪之中，立面形象疏朗大气、飘逸灵动，与环境和谐共融，完整地实现了"天山脚下全运雪乡"的意境。

建筑设计更充分考虑冬季节能问题，采用适应于寒冷地区的技术策略，建筑形象上避免使用大面积玻璃幕墙，注重建筑外墙保温节能。所有场馆均为弧线形屋顶而避免采用平屋面形式，大大降低冬季积雪给建筑带来的巨大雪荷载压力。建筑屋面顶部设置天窗，确保赛后运动员训练时无需人工照明即可使用，降低赛后运营成本。冰上运动馆的结露问题则通过天窗的构造措施予以解决，同时在场馆设计中有效引入太阳能集热技术、自控技术、新风技术等适宜技术，达到"绿色建造、低成本运营"的节能目标。

项目名称： 第十三届全国冬季运动会冰上运动中心
建设地点： 新疆乌鲁木齐
创作时间： 2012 年
建成时间： 2015 年
总建筑面积： 7.83 万平方米

创作团队： 梅洪元、初晓、魏治平、陆诗亮、张玉影、费腾、彭颖、冷润海、卢艳秋、史建雷、戴大志、梁斌、赵建、王少鹏、史小蕾

信息工程大学综合实验演训楼

工业和信息化部综合办公业务楼

南海东软信息技术职业学院三期工程图书馆

黑龙江省博物馆新馆 | 故宫博物院北院区方案设计

1 出发大厅外观

2 出发大厅内景

贵阳市龙洞堡国际机场扩建工程 T2 航站楼

建设地点：贵阳市龙洞堡国际机场
竣工时间：2013 年 2 月 30 日
基地面积：4.1 公顷 /42000 平方米
建筑高度：32.998m
建设单位：贵州省机场集团公司
设计单位：贵州省建筑设计研究院有限责任公司
荣获奖项：全国优秀工程勘察设计
　　　　　　行业公建类一等奖
　　　　　　中国建筑学会全国优秀建筑结构设计奖二等奖

3 出发大厅内景

　　贵阳龙洞堡国际机场扩建工程是国家重点支持的重要的航空枢纽机场，对促进以贵阳市为龙头的全省经济社会全面协调可持续发展具有十分重要的战略意义。本期扩建工程设计目标年为 2020 年，预测旅客吞吐量为 1550 万人次、货邮 22 万吨、飞机起降 14.6 万架次。主要建设内容为：新建 11.2 万平方米的 T2 航站楼，扩建停机坪 26.5 万平方米，扩建后机位总数达到 47 个。

设计构思
1. 综合性和整体性
"空港综合体"
　　是将地上、地下空间纳入同一体系内进行科学的规划，形成立体综合空间开发，建成全国唯一实现与快铁、轻轨、公路三网无缝连接的现代化机场。
"新老合一"
　　即将新航站楼的设计与老航站楼的改造统一考虑，整合建筑外部形象，同时改造室外绿化景观环境，组织各类机动车交通流线，最终形成一个功能完整合理的智能航站楼。

2. 地域性与时代性
　　项目通过隐喻的手法，以"分叉式树型结构柱""叶子形采光天窗"和"叶茎式格栅吊顶"诠释"森林之省""爽爽贵阳"的地域性特征。
　　以连续大跨度的曲线钢屋架为主要元素，众多的"Y"形钢柱支撑着呈连续波浪型的巨型屋面。三段式的立面设计，使建筑更具庄重感和展示力量之美，体现交通建筑高效、现代的精神内核。

3. 生长性和生态性
　　以单元式线性建筑，将新老航站楼连城有机整体，有利于远期发展在形式上的统一，线性建筑，让梦想无限延伸。
　　运用现代建筑技术手段，充分考虑流体力学原理的波浪式屋面空间造型，结合"爽爽贵阳"的特殊气候，利用自然通风、采光等"被动式"绿色生态原理，降低建筑运行能耗，努力建造满足节约、环保、科技和人性化的绿色机场航站楼。

4 航站楼全景

贵阳市孔学堂

建设地点：贵阳市花溪区
主要用途：教化、研修、文创
规划用地：27.22 公顷
建设用地：12.21 公顷
建筑面积：109200 平方米
设计时间：2011 年
竣工时间：一期 2012 年、二期 2015 年
设计单位： 🌐 贵州省建筑设计研究院有限责任公司

孔学堂位于十里河滩之上，大将山之下，规划为四期，现已建成一期、二期，四个部分相合，梦想成为中国文化现代创生之城。

一期（孔学堂教化传播区）：

由十三组建筑叠构相连，集教化、典礼、祭祀、典藏、研究、旅游六大功能于一体。建筑聚落以中国传统并田形布局衍变，呈现"一纵两横，三轴并联"的格局。"一纵"即建筑群的中轴，也就是孔学堂的"礼轴"，是典礼和祭祀的主要功能区；"三轴"中的"教轴"和"行轴"，均和"礼轴"垂直。

设计思想："以礼为外、以学为内"

建筑风格："汉唐气度、现代表达、简朴若拙、地域精神"

设计对文化内涵的表达：设计中试图通过地域化的新古典空间去表达传统文化的现代阐释；汉唐风格旨在表现儒家思想的传承脉络与中国书院精神；建筑群的命名体现了空间场所的文化定位；建筑群努力构建现代书院式的文化空间；建筑群落的局部构思是对传统文化的理解提供多种可能的开放性构思；建筑群充分回应地域文化特征。

二期（中华文化研修园）：

以儒学为核心，中华文化为主体，极具创造性的集驻园学研、争鸣交流、研修游学和相关文化产业研发孵化为一体的文化研修基地和园地。

是一期的发展与延伸，是中华文化研学基地及交流平台，是最具特色的中华文化产业园。

二期功能构成：文化街，研修园区，研修社区，文化主题园林文化街采用布依风情纪念原麦达村，以文房四宝、琴棋书画、文化茶座、艺坊式、工作室式的文化商街。

1. 孔学堂教化传播区－大成殿殿内
2. 孔学堂教化传播区－明伦堂
3. 孔学堂主入口
4. 孔学堂研修社区－青年旅社
5. 孔学堂教化传播区－溪山书院
6. 孔学堂学术研修园区－数字图书馆
7. 孔学堂研修社区－大成精舍大堂
8. 孔学堂研修社区－教授宾舍
9. 孔学堂研修社区－中庭书吧
10. 孔学堂研修社区－禅修室

北方工程设计研究院有限公司

总部地址 ADD
河北省石家庄市裕华东路55号

咨询电话 TEL
+86 400 086 9148

业务传真 FAX
+86 311 8603 3237

网站地址 WWW
www.norendar.cn

总体鸟瞰图

项目名称：贵安电子科技职业技术学院

项目简介：

项目位置：贵州省贵安新区马场科技新城南部
规划用地面积：580084.45 平方米（870.127亩）
总建筑面积：409422.71 平方米

贵安职业学院位于贵州省贵安新区马场科技新城南部，项目用地西至百马大道，东至金马大道，北至龙潭路，南至现状山体，东西长约1000米，南北宽350—800米。综合考虑中部景观河和现状高压线等限制因素，将校园建设分为一期、二期两个阶段。

贵安职业技术学院的总体定位为：主要服务于学生教职工，保障游憩功能和教职工安全，并集排水防涝、休闲游憩、景观效果、生态净化于一体的校园海绵城市建设的生态示范工程。

中国兵器工业集团 北方工程设计研究院有限公司
NORINCO GROUP　NORENDAR INTERNATIONAL LTD.

青岛理工大学

青岛理工大学建筑学本科专业设立于1988年，学制四年，全国招生。1996年建筑学专业经国家教委批准改为五年制。

1998年获"建筑设计及其理论"硕士学位授予权；2006年首次通过了建筑学专业本科教育评估；2009年本专业获评为国家特色专业建设点；2011年建筑学一级学科被评为山东省重点学科；城市规划与景观设计中心被批准为中央与地方共建实验室、山东省重点实验室；2011年建筑学、城乡规划学、风景园林学3个学科获批国家一级学科硕士点；2013年建筑学专业成为山东省名校建设工程专业建设项目；2014年建筑学专业加入山东省实验教学示范中心建设项目；2016年建筑学专业获首批山东省高水平应用型立项建设专业。

1. 专业竞赛

在我校建筑学专业30年的发展中，教学质量稳步提高，对外影响也在逐步提高。在1999年的21届UIA大会上，获得国际大学生设计竞赛优秀奖；2011年第24届UIA国际大学生建筑设计竞赛获荣誉提名奖；2014年第25届UIA国际大学生建筑设计竞赛获优秀奖2项，荣誉提名奖2项；在2017年举办的第26届UIA国际大学生建筑设计竞赛中获奖7项，包含二等奖1项、三等奖1项、荣誉提名奖4项、论文奖1项。在最近三届UIA竞赛中，建筑学专业教师指导学生获奖达到12项。

除UIA竞赛以外，本专业学生也积极参加同级别国际竞赛，2011年美国"亚利桑那的挑战"（The Arizona Challenge）国际建筑设计学生竞赛中获得银奖；2011年波士顿全球建筑设计挑战赛荣获一等奖；2015年CTBUH竞赛荣誉提名奖等。

2011年以来，在"中联杯"全国大学生建筑设计方案竞赛、开放建筑国际竞赛、山东省大学生建筑设计竞赛、"挑战杯"山东省大学生课外学术科技作品竞赛、美国建筑师协会AIA国际竞赛等竞赛中，国际

级获奖 60 余项，挑战杯等国家级获奖 140 余项，省级获奖 50 余项。

2. 对外交流

近年来，我院大力支持对国内外专家学者的交流与学习，并与韩国、德国、美国、日本、澳大利亚等国家的建筑院校广泛开展合作办学，已经体现出良好成效。

2017 年我院邀请中国工程院院士王建国教授来访交流并作学术报告；2016 年由青岛理工大学建筑学院承办，荷兰代尔夫特理工大学建筑学院、荷兰 UNStudio 建筑设计事务所、北京市建筑设计研究院协办的 2016 山东土木建筑学会建筑教育专业委员会国际研讨会暨 2016"机器人建构"工作营成功举办；第四届东亚建筑学术大会暨研讨会也于 2016 年在我院成功召开；同年日本千叶大学、北九州市立大学也受邀来我院交流并作学术报告；同类活动每年在建筑学院平均举办 10 余次。

合作办学方面，学生参加与德国安哈尔特应用技术大学、美国辛辛那提大学联合办学项目人数达到 30 人以上，参加中韩、中德、中美等国际 Workshop 工作营达到 120 人。

图 1. 第 26 届 UIA 国际大学生建筑设计竞赛二等奖——张泽华，董智勇
图 2. 第 26 届 UIA 国际大学生建筑设计竞赛三等奖——冯潇逸、张媛媛
图 3. 第 26 届 UIA 国际大学生建筑设计竞赛荣誉提名奖——张祥麟、吴文珂、陈伟东
图 4. CTBUH 国际大学生摩天大楼竞赛荣誉提名奖——张泽华
图 5. 四国六校"绿色营造"联合设计教学
图 6. 2016 "Robotic Tectonics" 国际机器人建构数字建构工作营
图 7. 中国工程院院士王建国教授作学术报告
图 8. 中韩"东亚建筑论坛（EAAF）"
图 9. 与日本北九州市立大学联合设计教学
图 10. 与美国辛辛那提大学联合设计教学

清華大学 建筑设计研究院有限公司
ARCHITECTURAL DESIGN & RESEARCH INSTITUTE
OF TSINGHUA UNIVERSITY CO., LTD.

阜新万人坑遗址保护工程

所在地：辽宁省阜新市孙家湾南山顶部
主要用途：低层民用公共建筑
建筑客户：阜新万人坑死难矿工纪念馆
占地面积：8150 平方米
　　　　　抗暴青工馆　3050 平方米
　　　　　死难旷工馆　5100 平方米
总建筑面积：3580 平方米
　　　　　抗暴青工馆　1200 平方米
　　　　　死难旷工馆　2380 平方米
设计时间：2014.12-2015.3
施工时间：2015.3-2015.12

　　阜新万人坑遗址形成于 1940～1945 年间。在这段特殊的历史时期，日本帝国主义为掠夺阜新地区丰富的煤炭资源，残酷奴役中国劳工，致 7 万多劳工死亡，在阜新市遗留 4 处大规模的万人坑。阜新万人坑遗址发掘后，印证了在日本帝国主义侵略辽宁时期，众多中国矿工无辜枉死的事实。对阜新万人坑遗址的保护和研究，有助于正视那段特殊时期的历史，澄清日本帝国主义侵略辽宁时期的社会及历史真相，具有重要的历史价值。原有保护设施年久失修、设备简陋，无法满足保护与展示的需求。因此，在"纪念中国人民抗日战争暨世界反法西斯战争胜利 70 周年"的背景下，建设工程设计方案报国家文物局申请后获得批准，拆除原有保护设施，新建保护建筑，为遗址保护提供充分安全有效的条件，并通过建筑的整体造型与室

内外空间设计，突出庄严肃穆的纪念性气氛，完整反映和阐释遗址的历史价值。

　　阜新万人坑的设计主要从保护、展示和体现场所精神这三方面进行构思。充分考虑到遗址保护对空间及其设备运行的要求，新建保护设施增加了建筑面积，安装了安防监控设备，并通过封闭的人工环境和其他设备，满足遗骨保存对温湿度控制的要求。保护设施在确保遗址得到完好保存的前提下，通过外围流线的设计，突出展览空间，展示遗产价值。建筑通过在丘陵中呈水平线条的整体造型、外立面深色层叠的饰材效果、以及内部空间纷繁迷离的光影效果与倾斜的墙面等设计手法，烘托出遗址庄重肃穆、悲伤压抑的整体气氛，突出了保护设施的纪念性特征。

　　死难矿工遗骨保护棚——为地上一层建筑，首层平面围绕东西两个遗骨坑布置，从保留的原有门楼（主入口）进入序厅。由序厅的纪念空间进入东、西侧遗骨展厅，或由门楼西侧的门进入西侧展厅，通过沉思走廊进入东侧展厅。随后回到入口处的序厅，完成参观历程。在东侧遗骨厅的东侧布置管理服务用房与设备空间。

　　死难矿工遗骨保护大棚平面双坑尺度略有差异，与 1968 年保护棚门楼也未形成对称关系。建筑的主要朝向尊重原有门楼，与之平行布置，平面模数以 25、24、9 倍数的直角三角形为基础，将遗骨坑适当放大并调整，使其对称分布于保留门楼两侧。调整后的平面左右对称，在此基础上形成的形体平直简练。纯净的几何形体在巍巍青山的映衬下表现出简洁的力量感。水平线条的沉静安定，营造出肃穆内敛的建筑氛围。

　　保护设施将原有主入口门楼作为建筑入口的重要元素进行处理，形成内凹入口虚空间，继承之前的记忆，并可作为祭祀空间使用。门厅兼设祭厅。参观空间按照满足参观要求的最小尺度设计，在墓坑周边形成围合，最小化建筑体量。两个遗骨坑中的众多遗骸在昏暗的室内，依旧给观者带来强烈的情绪体验。生命逝去的悲壮、无法入土为安的惋惜、以及由此引发对矿工生前遭受的种种虐待和欺凌的想象，无不令观者动容，反思生命应有的价值与尊严。

　　抗暴青工遗骨保护棚——为地上一层建筑，平面布置从北到南依次为入口门厅（祭祀空间）、沉思甬道、遗骨厅和多媒体厅及设备用房。抗暴青工遗骨保护棚长方体的建筑体量端正平直地伏于山脚。建筑造型尊重原有遗骨坑保护棚的体型比例，并兼顾参观的展示要求适当放大。设计强化中轴对称的纪念性空间，在入口——甬道——墓坑的流线上呈现亮——暗——微亮的变化渲染出矿坑及墓室幽暗深远的氛围，形成气氛凝重的祭祀空间。主立面的建筑材料采用清水混凝土及不同规格的青石砌筑，其色彩进一步强化建筑肃穆庄重的性格。青石表面凹凸变化使建筑在近人的尺度上表现出细腻的表面肌理。主立面上六种尺度的青石上下叠压，错动出大小不一的孔洞，孔隙率自上而下逐渐变大，隐喻光明会终会到来，也同时给室内带来迷蒙的光影效果。在层层青石与累累白骨摄人心魄的对比之下，强烈的情绪震荡着每一个参观者的身心。冷峻多变的青石渐渐融于统一的背景也象征着一个个独立的生命以铮铮铁骨构成坚强不屈的整体。

配图说明：
1 死难矿工遗骨保护大棚面向山谷一侧的立面
2 死难矿工遗骨保护大棚南立面
3 死难矿工遗骨保护大棚进入遗址区的过渡空间
4 死难矿工遗骨保护大棚遗址展庭的外廊道
5 抗暴青工遗骨保护大棚主入口
6 抗暴青工遗骨保护大棚入口过渡空间
7 抗暴青工遗骨保护大棚遗址展厅
8 抗暴青工遗骨保护大棚遗址展厅入口空间

清华大学图书馆四期新馆

总用地面积： 10790 平方米
总建筑面积： 14831 平方米
其中地上建筑面积： 10164 平方米
地下建筑面积： 4667 平方米
建筑高度： 21 米

项目概况

清华大学图书馆现馆由三期建筑组成，总建筑面积 27820 平方米，严重低于国家规定的大学图书馆建筑面积标准。建设新馆的任务十分迫切。

拟建清华大学图书馆四期新馆（以下简称新馆）位于现图书馆第三期建筑以北，主要利用诚斋、立斋拆除后的空间建设。新馆地下 2 层，地上 5 层，建筑面积共约 15000 平方米。1 至 3 层中，各层均有 2-3 处与现图书馆相连通，使新旧馆成为有机的整体，合计面积达 43000 平方米。

文物保护措施

新馆所处位置在清华大学早期建筑保护区范围之内，因此本设计对文物环境的保护做了充分的考虑。

清华大学图书馆现馆由 3 期工程组成，分别是 1919 年由亨利·墨菲设计的一期图书馆，1930 年由杨延宝设计的二期图书馆和 20 世纪 90 年代建设完成的由关肇邺先生设计的三期图书馆。虽然规模日益扩大，但后两期设计都做到了尊重既有的环境和前人的设计，使图书馆整体风格协调统一，功能、形式不断完善，受到建筑界的广泛赞誉。

此次的四期图书馆设计仍由关肇邺先生主持，为充分表现对现有图书馆建筑及周边其他文物建筑的尊重，采取了以下措施：

1 建筑选址于现图书馆北侧，仅与 3 期图书馆相联系。
2 建筑体量、高度均不超过图书馆 3 期建筑。即从清华大学早期建筑群（即大礼堂为核心的建筑群）中看不到新馆。
3 建筑立面形式追求与现图书馆类似的构图效果与比例关系，主要立面材料仍采用红砖材料，屋顶采用类坡屋顶形式，整体风格与现图书馆协调统一。同时立面处理中，比三期图书馆更加简化装饰，更多使用大面积玻璃幕墙等，具有明显的时代精神，清晰地表现出图书馆各期建筑时代进化的特征。

功能布局

考虑到现有图书馆使用上的不足与缺失，新馆主要设标准柱网、空间连通的大型开架阅览室以及展示空间、检索空间和读者交往休闲空间。

新馆之主要入口设在北侧，与北校门进来的道路相对应，便于广大师生读者进馆。入口门厅左右分别设有上楼和下楼的大楼梯，交通空间沿外墙布置，一目了然。

由于采用标准柱网，新馆在书籍分类布置方面有很大的灵活性，阅览座位和各科开架图书将分布于 2 至 5 层的广大空间。1 层则提供不设检测闸口的公共空间，可用为学术报告厅、展览及其他休闲活动等。其中建筑南侧为贯穿空间，并设三层通高之南向玻璃幕墙，使各层阅览空间高敞明亮。在一楼临窗部分则布置交流休闲空间。另有可供饮食的茶座设在首层新老馆之连接处，并设对外出入口，既便于读者利用，又不妨碍管理。新馆与老馆之间形成庭院，栽植花木，可供读者休息和室外阅览只用。

地下一层设学生自习室和小型研讨室。为尽可能增加采光面积，建筑东、北两侧设绿化窗井，西北侧则设置了相当规模的下沉庭院。解决地下采光的同时，提供了一处亲切宜人的室外活动场所，丰富了建筑的空间层次。下沉庭院入口处的门亭亦具有一定的纪念性和标志性。

闭架密集书库与设备用房设在地下二层。

造型与立面

新馆建筑体量与图书馆三期相协调，采用层层后退的体型，尺度适当，以减小建筑体量对周边校园环境的压力。

结合内部使用功能，立面设计从下至上，由外而内可大体分为以下三个主要表皮处理手法：

外层：竖向遮阳板加玻璃幕墙（3 层高、不透明效果）。它包裹的内部功能主要为门厅、交通空间和休闲阅读空间，其内部所产生的强烈的光影变化提供给公共空间以戏剧性的空间表现。

中层：实墙开洞（4 层高、不透明效果）。它包裹的内部功能为大空间阅览室，以人工采光为主，开窗主要满足自然通风的需求。由底层至 4 层高的统一实墙效果，作为外层表皮的背景。

内层：玻璃幕墙（4-5 层、透明效果）。其简洁一致的玻璃幕墙做法，一方面解决内部的采光通风问题，另一方面也使观者感觉出坡屋顶的意向。

虚实各异的 3 层表皮，相互叠加，营造出丰富的日景、夜景变化；各层之间也通过垂直方向的切削处理而相互渗透。

细部处理方面采用与旧建筑一致的处理手法，如 45 度斜切的角部处理，白色石材的压顶处理等。新馆的立面设计通过垂直遮阳板的划分，将 8 米柱网跨度的解构尺度降低下来，在视觉尺度上与旧馆取得协调。

PTAD 柏涛建筑
PT ARCHITECTURE DESIGN

项目：黄山置地·黎阳 in 巷
时间：2013
地区：黄山
开发商：黄山置地投资有限公司
建筑设计：柏涛建筑设计（深圳）有限公司
设计主创：侯其明
用地规模：62489.5 平方米
建筑面积：78205 平方米
容积率：0.79
摄影：张学涛

柏涛建筑设计（深圳）有限公司

项目位于安徽黄山市屯溪区西侧黎阳镇内。基地西侧、北侧为占川河，南侧临率水河。基地内有一条黎阳老街。黎阳古镇始建于东汉建安年间，是徽商的发源地之一，历经数次兴衰，至明清时期，与屯溪，杨湖呈鼎力之势，清末因屯溪茶贸崛起再度衰微。素有"唐宋之黎阳，明清之屯溪"之说。

保护
随着时代的变迁，黎阳古镇失去了往昔的繁华，街巷破败不堪，房屋损毁严重。经现场勘察，基地中贾宅、石宅为市级文物保护建筑，另有 8 栋外观基本保存完好，可以经修缮再利用的老民居予以保留。

柏涛特色小镇项目

打造特色小镇文化，关键在于对文化的理解有所不同。在研究一个小镇区域文化时，不能仅仅是关注物理形态，真正的地域文化的核心是要提炼出地域文化精神，这种精神是抽象的东西，反过来通过物质形态体现出来，而不是简单的找符号贴在设计上。

做一个特色小镇的设计时，不能仅仅把自己当成是一个设计者，还要兼顾着策划师、开发者、经营者的角色，只有这样在进行早期的设计时，才能为后期的运营方向做出充分考量。

柏涛建筑有专注的团队持续深入地进行相关研究，对主题特色小镇有独到的见解和前瞻设计，并引领市场。

柏涛建筑打造特色小镇项目包括：黄山黎阳 in 巷、胶州板桥镇、泰安特色商业 长临河喜镇、芜湖古城改造、合肥徽州雨巷、合肥罍街改造、洪泽湖蒋坝古镇、阜阳滨水商业等。

传承

规划形态取自徽派村落自由生长的规划肌理和神韵——为了适应生活状态的变化，徽州民居往往不断地由基本单元向周边生长、加接，颓毁，翻新，长出的形态因地制宜而并不以帝国横平竖直，朝向顾及回避禁忌不一定正南正北，建筑之间挤出曲折蜿蜒的街巷，最终形成不拘一格的规划肌理，丰富奇特的群体意向。

建筑单体平面设计保持传统徽州民宅内部空间"天井明堂"、"四水归堂"、"纵深序列"等基本构成方式。

创新

· 保留原青石板铺地蜿蜒曲折的街道肌理

· 老街以北以贾宅石宅及保留老建筑为界控制

· 老街以南保留拆除破损房屋基底边迹线

· 提炼徽派村落规划，建筑文化的内涵，用现代的建造方式进行演绎

· 加入徽州水系特点将新规划建筑与老街有机结合

场所记忆

立面及空间设计构成元素取材提炼传统的建筑装饰符号，营造出浓重的历史气息，唤起人们对黎阳老街的场所记忆。

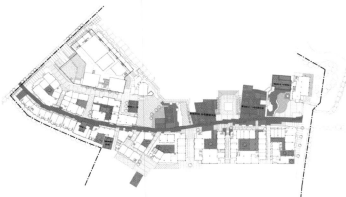
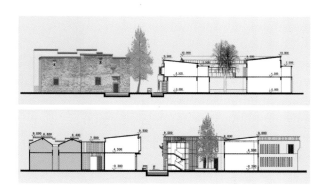

![CEEC 中国能建 | cpecc 中电工程]

中国电力工程顾问集团华北电力设计院有限公司
NORTH CHINA POWER ENGINEERING CO., LTD. OF CHINA POWER ENGINEERING CONSULTING GROUP

中国电力工程顾问集团华北电力设计院有限公司是国家大型工程勘察设计、工程咨询和工程总承包骨干企业公司，以创建"极具价值创造力的国际型工程公司"为企业愿景，秉承"信任·责任"的核心价值观，依靠雄厚的综合技术实力和项目管理能力，向客户提供高水平的工程咨询、勘测设计以及总承包等工程建设服务。

本项目设计呈献给世人一座安全高效、指标一流、低碳环保、国内领先、世界一流的全寿命周期数字化电厂。建筑师充分挖掘工业建筑的文化内涵，打造与当地绿色园林城市相融合的"安全高效、低碳环保、以人为本"的建筑与环境空间。设计借鉴了大型公共建筑的处理手法，整合主厂房区域建筑体块，柔化建筑立面，提高锅炉房的建筑属性，增强建筑整体视觉效果，提高建筑物的亲和力，体现生态、人文、简约、高效的建筑风格，打造了新工业建筑形象。锅炉房正立面沿水平方向采用灰色金属板划分出"建筑楼层"，同时用宽窄不一的竖条板进行有韵律的局部封闭，使锅炉房形成一个完整的建筑立面。厂前建筑与环境模拟"船"与"浪"的造型，将"乘风破浪、一往无前、一帆风顺"的企业文化融入设计中。设计采取经济合理、施工方便的简洁、高效的建筑方案，控制建筑方案的施工完成度。

项 目 一：安庆电厂二期扩建工程
所 在 地：安徽省安庆市
主要用途：火力发电厂 工业建筑
建设单位：安徽安庆皖江发电有限责任公司
占地面积：20.6 公顷
总建筑面积：约 90000 平方米
设计时间：2012 年 9 月至 2014 年 12 月
施工时间：2013 年 3 月至 2015 年 6 月
概　　算：约 66 亿元

1. 项目一 鸟瞰效果图。本项目对主厂房建筑风格进行整体分析，用虚实结合的建筑设计手法，对主厂房区域的远景、中景、近景采用不同的处理。在建筑风格的塑造上，进行了多方案的比较，最终选用了融生态、人文、简约、高效为一体的建筑方案，符合企业的定位。

2. 项目一 从一期厂区看主厂房实景。

3. 项目一 从入厂道路看主厂房实景。入厂视线被主厂房正立面所吸引。主厂房正立面对主厂房区域乃至全厂的建筑整体形象起着决定性的作用。通过上下凹凸的体块处理，横竖线条的对比，使汽机房造型简约生动；提高锅炉房的建筑属性，采取与汽机房相协调的处理手法，使建筑风格整体协调。

4. 项目一 厂前办公楼实景。造型顺应规划布局。

5. 项目一 集中控制室内实景。全寿命周期数字化电厂的高水平控制。

6. 项目二 鸟瞰效果图。整合全厂建筑，重点形成主厂房区、水处理区、基建办公及生活区等三个区域，使生产运行管理更加高效便捷，并达到较好的建筑与景观空间效果。

7. 项目二 基建办公及生活区实景A。该区域建筑自然围合，形成较好的庭院空间，搭配自然的微地形景观，形成相对静谧的景观空间。

8. 项目二 基建办公及生活区实景B。

9. 项目二 办公楼内庭院实景。顶部设计为张拉膜结构，内部布置庭院景观，符合当地气候特点。

项 目 二：神皖合肥庐江发电工程
所 在 地：安徽省合肥市庐江县
主要用途：火力发电厂 工业建筑
建设单位：神皖合肥庐江发电有限责任公司
占地面积：30.08 公顷
总建筑面积：约 90000 平方米
设计时间：2015 年 9 月至 2017 年 12 月
施工时间：2017 年 2 月开工
概 算：约 47 亿元

本项目设计借鉴德国电厂绿色建筑理念，采取集约化设计，结合厂区总体规划布局，对全厂建筑进行归纳和统筹，使多样化变为统一和有序。主厂房区域将汽机房、锅炉房、煤仓间、GIS配电装置、集控、网络继电器、生产办公、材料检修等功能进行归纳和整合，形成主厂房区域综合体建筑。主厂房综合体建筑通过细腻而简洁的手法，将整合的辅助功能区形成建筑的"基座"，"基座"上下采用冰灰色，中间凹进的体块采用暖色调，形成上下体块的凹凸关系。基座底部采用建筑装饰一体化材料——清水混凝土挂板，为绿色环保建材。基建办公及生活区由圆形办公楼和围绕其侧的弧形食堂及公寓楼组成，规划布局寓意"庐江之珠，神皖之眼"，并以此营造建筑与景观空间。圆形办公楼中间设圆形室外庭院，顶部设计为张拉膜结构，符合当地气候特点和建筑节能，环保，绿色的理念。

杭州市建筑设计研究院有限公司
HANGZHOU ARCHITECTURAL DESIGN RESEARCH INSTITUTE Co., Ltd

项目名称：中国农科院农谷分院
所 在 地：中国湖北屈家岭
主要用途：科研办公
客 　 户：湖北农谷实业股份有限公司
用地面积：47492 平方米
总建筑面积：29144 平方米
设计时间：2016 年 6 月至今
施工时间：准备阶段
预 　 算：15000 万元

1. 江汉平原的农田肌理
2. 肌理的图底关系
3. 总平面图肌理生成
4. 鸟瞰图：景观绿化直接采用农作物进行耕种，即降低了建造和维护成本，又便于农科院的作物研究工作。
5. 建筑主体运用钢、玻璃以及木构格栅等现代材料，展现简洁大方的外立面

屈家岭四季分明，气候温暖，日照充足，雨量充沛，为亚热带温暖季风型气候，十分有利于农作物生长。

坐落于此的中国农科院农谷分院不仅仅是一座农业科研办公楼，更需要充分结合乡村特色风貌及旅游需求，成为"中国农谷小镇"对外展示的形象窗口。

五万年前的旧石器时代晚期，古老的江汉平原就已经有原始人类活动。

随着农耕文化的繁荣与发展，逐渐形成了江汉平原特有的肌理。

时代在更迭，农田肌理在变化，农耕文化却一直在传承。

我们要做的就是继续传承。

我们提取出农田的肌理，并考虑将其应用在建筑和景观上，将当地的农耕文化与现代建筑结合，不仅是传承更是创新。

6. 叠水在错落的景观平台间穿行跌落，形成丰富的空间感
7. 错落的平台间用台阶连接，让人体验着可以在不同的竖向空间上自由穿梭
8. 建筑屋顶绿化，种植农作物，挑台层层叠退，景观延伸至地面，营造农田机理效果
9. 沿河设置休闲步道，并设计竹亭、平台等小品景观，沿岸水草丛生，形成生态湿地景观

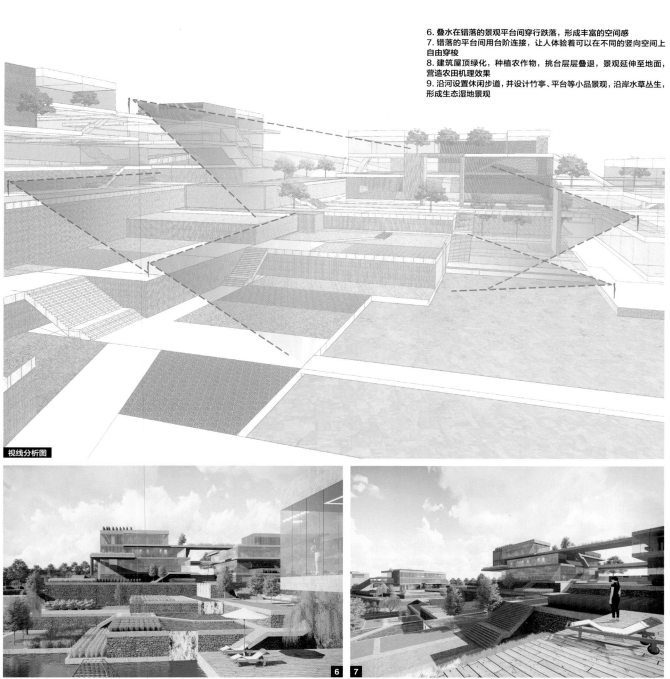

视线分析图

深圳市领先康体实业有限公司
AVANT SPORTS INDUSTRIAL CO. , LTD

地址： 深圳市宝安区洲石路领先工业园
电话： 0755-26490688
网址： www.avant.com.cn
服务热线： 4006181848

领先康体实业有限公司是一家集设计、研发、生产、销售及安装为一体的综合性企业。

领先康体公司成立于1994年，重产品，重技术，重研发。自1994年，领先为奥运会、大运会、亚运会、全运会、省运会、青运会、农运会等众多场馆提供了看台座椅，完成了从"中国制造"到"中国智造"质的飞跃。立足中国，放眼全球。不断调整发展战略，从国外引进先进的产品及生产工艺，不断学习创新研发，满足当下及未来的新型产品及客户需求。

历经20多年发展，领先康体公司已经成为中国专业体育设备品牌的佼佼者，通过一次又一次的顶级赛事项目合作，领先的产品获得了社会各界的广泛认可，其品牌影响力及品牌价值不断提升。成为2016年Rio里约奥运会卡里奥卡主体育馆伸缩看台座椅供应商，并承建安装了2017年第十三届天津全运会体育场馆看台座椅及运动木地板的工程项目。

卡里奥卡主体育馆采用了全新的直立支撑全自动伸缩看台系统。在设计上，根据场馆的现场特点做了定制化设计：1. 在满足场馆的人数及视线要求的情况下，看台切角和挑高做了改善；2. 在满足后期看台只打开一半还能正常使用的情况下，增加了特殊护栏；这些修改都满足FIBA对消防和安全要求；3. 配色则是从整体场馆出发做的渐变效果，和固定看台座椅产生呼应，给人以美的视觉感受。技术上，使用新研发的全自动翻折座椅，减少后期运营的人工成本，椅子也满足最高标准的防火要求。专业为客户定制了引导潮流的全自动翻折伸缩看台系统方案，性能上安全稳定，方便快捷，完成实现甚至超越了客户的要求标准，深得客户满意。

2017天津全运会看台座椅及运动木地板供应商

天津奥林匹克中心体育场的看台座椅曾是我司为２００８年北京奥运会时提供的产品。第十三届全运会开幕式即将在此举行，十年风吹日晒，时间见证了领先产品经得起考验。防火、抗紫外线、抗ＵＶ、耐候性等级完全超出了国家标准。为了响应全运会建筑方要求，我司还专为天津奥林匹克中心体育场研发了与场馆座椅相配套的ＶＩＰ座椅（迈瑞特ＶＩＰ），舒适度与美观度也为此场馆增添了亮点，实现了体育场馆对看台品质的高水平标准要求。

天津体育馆：羽毛球

天津体育馆飞碟馆为老场馆改造项目，设有观众座席８４５６个，主席台座位９８个，带桌记者席３５０个。此次改造，用全自动伸缩看台系统取代了之前的半自动伸缩看台系统，大量减少了人工与时间成本，固定看台座椅采用高性能的体育场馆专用沙发椅豪睿取代了之前一般级别体育馆座椅。安全，舒适，美观，使"飞碟"馆成为名副其实的高级别"万人馆"，为今后举办国内外各项赛事提供了足够的硬件保障。

天津理工大学体育馆：武术

天津理工大学体育馆将承办全运会武术套路比赛，其为新建甲级场馆，室内装修整体呈现为灰调，以绿色、白色三角形和正方形点缀墙体。馆内固定座椅有3765个，活动座椅1500个，我司设计师根据室内装饰特点，用墨绿、黄绿、白色三种颜色为场馆看台进行颜色渐变设计，和墙体的颜色遥相呼应，达到了异曲同工之妙。

不仅如此，我们还为以下场馆提供了看台座椅及运动木地板等产品：天津宝坻体育馆，天津科技大学体育馆，天津商业大学体育馆，武清体育馆，天津中医药大学，团泊体育中心，天津财经大学体育馆，天津体育学院体育场，鸿源广场ＮＢＡ体育场地，武清体育场，天津西青体育馆等。世界在前行，领先在发展，我们将不懈努力追寻领先人的中国梦。

CCDI 悉地国际

世界新高度
——599 米唤醒经典摩天楼记忆

世界高层建筑与都市人居学会（CTBUH）在其官方网站宣布，KPF 与 CCDI 悉地国际联合设计的平安国际金融中心（简称平安大厦）成为新的世界第四高建筑。

平安大厦坐落于深圳市 CBD 的核心位置，它为这座城市的"龙脊"赋予了新的高度——599 米。古典的轮廓、对称的造型、竖向条纹石材、高耸的塔尖，唤醒了我们对早期经典摩天大楼的记忆，象征着特区和国家不可估量的未来。

塔楼底部与街道网格完美契合，牢牢地扎根在城市肌理中，随高度上升，为了获得最佳鸟瞰体验，塔楼的四个角部与街道网格呈 45°。山景打造了南北景观轴，城市夜景构成了东西景观轴。

平安大厦的表皮系统由玻璃、金属和浅色玻璃组成，它们互相交织，设计师基于成本和审美的考虑，幕墙尽量选用当地材料，现场安装，既省时又不费力。玻璃幕墙选择低辐射玻璃（均为夹层 / 钢化玻璃），减少室内外温差引起的热传递，冬暖夏凉。

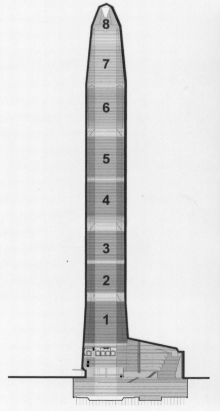

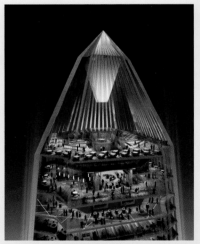

高效高容的电梯系统，服务塔楼地上 8 个分区与地下 2 个分区的客流。始发层设在首层和 2 层的电梯，分为区内电梯与高速双层电梯，分别服务奇数层与偶数层。服务 1、2、3 区的区内电梯始发层位于办公大堂的首层和 2 层，4、5、6、7 区的区内电梯可经由直达 51/52 层与 83/84 层空中大堂（分别为 1 号和 2 号空中大堂）的穿梭梯搭乘。服务 8 区和观景台的专用穿梭梯，始发层位于 B1 及 L01 层大堂。通过上述设计，客户仅需一次转换即可从大堂到达塔楼的任一楼层。

平安大厦拥有 60,000m² 的零售店、300,000m² 的办公空间、15,000m² 的国际会议中心，塔顶向公众开放。

观景台在 541 米标高（L116），分设公共区域和私人会所。公共区域有一个巨大的开放式中庭 坐在那里欣赏 360°鸟瞰全景，更有三角形悬挑观光平台，让人体验凌空漂浮感，极具震撼感。游客在抵达观光层之前，可以在礼品店购买纪念商品。

裙房从塔楼底部向南延伸，可从办公大堂的西南角进入。裙房的街道入口位于东西两侧，可直接进入中庭，从中心二路一侧的奢侈品店也可以抵达中庭。裙房主要材质为石材，通过一条长廊桥与南塔（预计 2018 年竣工）相连。裙房不仅联结了塔楼与相邻基地，本身也是一个休闲娱乐的好去处。

开放的中庭是整个项目的公共活动中心。与单层、跃层的商店及餐厅毗邻的商业中庭由自动扶梯串联，自下而上逐渐偏离塔楼。塔楼首层的奢侈品店将人流引入中庭，位于东南角的旗舰店有利于增加客流，并引导人群向上层商业空间流动。位于东北角与西南角的自动扶梯族群分别与办公大堂及旗舰店毗邻，在中庭的两侧形成垂直贯通地下一层至地上七层的附属中庭。

项目名称：平安国际金融中心
项目地点：广东省深圳市
建筑面积：459525 平方米
建筑高度：599m
客　　户：中国平安人寿保险股份有限公司
合作伙伴：KPF
设计 / 竣工：2008/2017
产品类别：公共建筑、数字化工程、酒店机电
参与专业：建筑、结构、机电、BIM、项目管理

清华大学建筑学院
单军工作室

项目地点：湖北省钟祥市
建筑设计：清华大学建筑学院单军工作室 / 清华大学建筑设计研究院
设计团队：单军，卢向东，铁雷，王鑫，孙显，罗晶，杨路，韦诗誉，刘思，卜文娟，钟乐，易尔薇等
景观设计：朱育帆，刘静等
施工图设计：朱晓东，叶菁等
设计 / 竣工时间：2007 ～ 2012 年
建筑面积：5160 平方米
摄影：杨路，韦诗誉

钟祥市博物馆暨明代帝王文化博物馆位于湖北钟祥市，是以生于此地的明代第十一位皇帝嘉靖帝（1507-1567）为主题的展馆。

设计体现了对历史的尊重。因地段毗邻世界文化遗产明显陵，建筑整体降低高度沿水平向展开，既在尺度上与环境相呼应，又隐含中国传统建筑的布局特征。主展馆和明代文物少司马坊构成空间轴线序列，简洁的白墙与精美雕刻的石坊对比并置，形成历史与当代的对话。

设计展现了与自然的交融。博物馆借鉴中国传统园林意象，方形园墙将主次展馆围合其中，形成由多个院落组成的"院园"空间。贯穿园中的路径及敞廊漏窗，使建筑与周边优美的环境内外渗透，也是对当地气候条件的回应。

设计兼具城市生活与艺术气质的表达。"园"内开敞空间，闭馆后成为钟祥市民休憩漫步之所，体现了建筑的公共性与开放性。隐喻的景石、水池和粉墙，使建筑以极简的形式掩映在自然中，呈现出"山水之间、园中之园"的传统山水画意境。

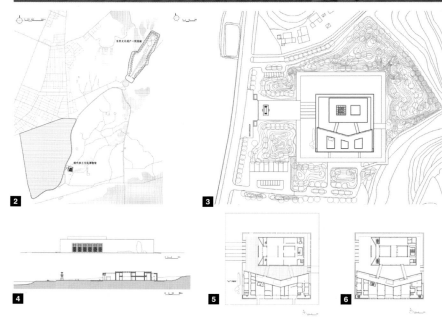

1. 对中国传统园林中"山水"意向的重塑：设计注重"此时此地"的理念，既强调一种对历史的当代性的表达，也凸显了建筑对周围环境的交融

2. 区位图：项目位于历史文化名城钟祥，地段在世界文化遗产明显陵南侧，紧邻保护区边界

3. 总平面图：利用地段环境特征，将造园理水和空间设计结合，沿博物馆四周园墙设置方形景观水池，体现建筑的山水园林气质。博物馆主次入口分别位于园墙西侧和东侧，后勤入口位于园墙南侧，地面停车场集中设置于用地西南侧

4. 西立面图与剖面图

5. 一层平面图：博物馆建筑面积控制在 5200m^2 以内，包括明代帝王文化主展厅、钟祥市特色临时展区和其他相关配套用房

6. 二层平面图

7. 主入口铜门与石坊：博物馆展现了对城市历史的尊重，塑造了一个具有城市文化底蕴的精神场所；同时，设计还注重对人的关怀，塑造一种有归属感的建筑，钟祥市气候暖湿、降雨充沛，

地段原本用于泄洪蓄水。设计师利用地段环境特征，将造园理水和空间设计结合，沿博物馆四周园墙设置方形景观水池，体现建筑的山水园林气质

8. 园中之园：博物馆借鉴中国传统的园林意象，方形的园墙将主次展馆围合其中，形成由多个院落组成的"园中之园"

9. 主要展厅：设计中考虑对于中国传统园林"造景"手法的再诠释

10. 铜门与少司马石坊的对景：在设计中考虑对少司马石坊的尊重，檐口高度与之齐平，并让主入口的铜门与之呼应

11. 门廊上的抽象化"钟聚祥瑞"：建筑体现对传统文化以及汉字的抽象诠释，呼应钟祥市博物馆的区位特点，而两馆之间以及围绕主馆的敞廊，在闭馆后成为当地市民休憩游玩的城市公共场所

12. 博物馆与少司马石坊的对话：明代帝王文化主展馆和明代文物少司马石坊（1581 年）形成空间轴线序列，博物馆简洁的白墙与石坊精美的雕刻工艺形成对比，实现历史与当代的并置与对话

GLodon 广联达
广联达科技股份有限公司
www.glodon.com

1. 首都新机场航站楼项目

利用BIM技术解决了各种技术难点,提高施工、决策效率,降低投资费用,保证项目高效完成。项目通过劳务实名制信息化管理系统,对进出施工现场、起居生活等进行全方面的管控,项目管理人员的工作效率得到显著的提高;采用移动云技术,实现劳务数据动态实时反馈,满足公司及项目管理人员实时监控生产现场,降低项目劳务用工风险。

2. 北京城市副中心行政办公区

通过BIM技术的应用,加强对进度、质量、安全及成本的管控,提高施工现场的精细化管理水平;同时应用BIM技术进行重难点方案模拟,做可视化交底,提前避免问题。通过智慧工地的应用实时掌握项目全局,有助于主动预警和及时沟通,有助于发现问题并及时追溯。

3. 北京雁栖湖APEC国际会展中心

应用BIM技术解决了设计与施工的协同问题,利用MagiCAD三维模型深化设计,优化安装方案进行碰撞检查与管线综合,减少了现场拆改。利用MagiCAD精细化支吊架计算与排布,保证了支吊架的安全可靠性与安装质量,同时确保在满足功能、规范要求的前提下,尽可能地优化观感质量,保证工程的安全及安装质量。

广联达之路始于1998年。怀抱"用科技创造美好的生活和工作环境"的远大理想,我们在建筑产业信息化的道路上踏踏实实耕耘了20年,实现了"让预算员甩掉计算器"的创业初衷,成为中国工程造价软件行业脊梁企业,并成功将业务拓展到全球市场。

新时期的广联达,以建筑产业升级的历史机遇为契机,以"让每一个工程项目成功"为新的企业目标,以"数字建筑"为引领产业转型升级战略。我们期望实现这样的目标:满足工程质量、安全目标的前提下,实现成本降低1/3、二氧化碳排放量降低50%,同时进度加快50%。

未来,我们将通过BIM和云计算、大数据、物联网、移动智能终端、人工智能等信息技术,结合先进的精益建造项目管理理论方法开发行业专业应用和解决方案,并逐次开展产业大数据和新金融服务,以此为基础,打造数字建筑产业平台,服务于建筑产业的全生命周期。

在设计阶段,将通过虚拟仿真和智能认知消除各种工程风险,实现设计方案的优化、施工组织方案的优化以及全生命周期的成本优化;施工阶段将工程施工提升到工业制造的精细化水平,图纸细化到构件,任务落实到工序,并持续根据工程现场情况实时进行最优化排程直至工程竣工;运维阶段把建筑升级为可调试、可控制,乃至能自适应的智慧化系统,从而真正让每一个工程项目成功。

在产业升级的过程中,广联达将作为建筑产业转型升级的核心引擎,不断努力,支持"中国建造"建立全球的核心竞争力!

4. 天津高银 117 大厦

项目利用 BIM 技术纠正设计问题和图纸错误，有效缩减项目施工工期，项目总体进度提前合同工期 90 天。通过岗位协同和信息共享实现管理提升。基于 BIM 模型为计量、报量、变更等商务工作提供数据支撑，提高商务算量效率 30% 以上，精度误差小于 2%，图纸查询效率提高 70%。

5. 华润深圳湾国际商业中心

通过 BIM 模型数据交换与集成，使得各工序间穿插衔接更为合理；利用虚拟建造有效地解决了项目分包多，施工场地狭小的问题，很好地保证了各阶段工程的顺利完成；通过广联云实现 BIM 模型信息同步，及时解决现场质量安全问题。通过设计建模，施工模型复核，本项目目前 BIM 发现碰撞问题 1306 个，通过统计经济效益 872 万元。

6. 北京城乡集团通州台湖公租房项目

通过智慧工地的全面应用实时掌握项目全局、有助于主动预警和及时沟通、有助于发现问题并及时追溯；通过斑马梦龙网络计划，打通进度管理 PDCA 循环，利用网络计划 + 关键线路 + 前锋线，让项目进度实时真正可控。

建筑与艺术学院
建筑设计教学概况

所在年级： 大学一年级
学习目标： 对建筑空间有一定认知
学习内容： 空间认知、空间体验、
空间操作、空间建构
课程时长： 110 学时
学习时间： 大学一年级第一至第二学期

内容解读：

1、建筑认知和名作解读（图1）两个教学模块。
2、空间操作（图2）和空间建造（图3）两个教学模块来完成教学目的。以期达到通过训练使学生能了解材料特性，掌握从单元到整体的空间建构方法。建立正确认识建筑空间的观念及表现手法。

所在年级： 大学二年级
学习目标： 对一年级课程进一步发展
学习内容： 外部空间认知、
简单功能的单一空间设计
课程时长： 110 学时
学习时间： 大学二年级第一至第二学期

内容解读：

1、对传统村落调研了解街道（图4）与开放空间（图5）及基于外部空间视线的设计方法。
2、民宿设计（图6、图7、图8）

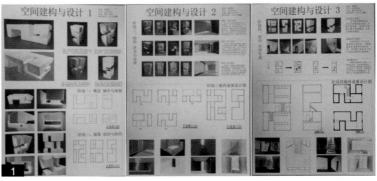

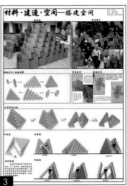

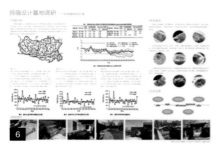

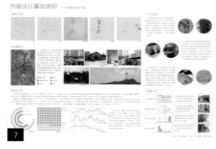

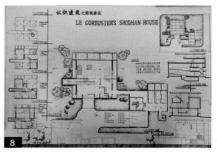

建筑与艺术学院
建筑设计教学概况

所在年级： 大学三年级

学习目标： 复杂功能，复合空间的设计

学习内容： 场地认知与整合；

不同功能的优化与组合；

内部空间焦点的设置与组织等。

课程时长： 110 学时

学习时间： 大学三年级第一至第二学期

内容解读：

1、文化类建筑（图9）

2、既有建筑改造（图10）

3、大空间设计（图11）

所在年级： 大学四年级

学习目标： 基于城市设计的，强调建筑之间的空间把控能力。

学习内容： 掌握设计外部场地的分析能力以及综合跨学科要素能力的课程安排等方面内容。

课程时长： 110 学时

学习时间： 大学四年级第一至第二学期

内容解读：

1、住区规划结合高层共建

2、城市商业中心改造（图12、图13、图14）

3. 学生竞赛获奖（图15、图16、图17）

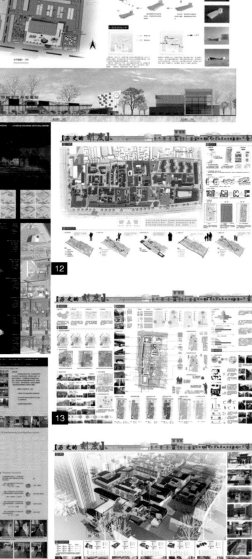

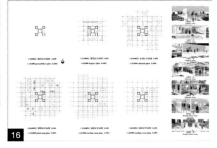

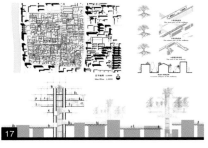

联系方式

兰州市城市建设设计院
地址：甘肃省兰州市七里河区西津东路 120 号
院办公室：0931-8465166
生产经营部：0931-8465165
传真：0931-8465106
邮编：730050
网址：www.lzcjy.com

　　我院成立于 1959 年，是城乡建设领域提供专业服务的综合型设计咨询机构。建院近 60 年来，完成各类大中型勘测设计项目 7000 余项，勘察设计成果遍及西北地区及全国部分省市。勘察设计评优以来，有百余项勘察设计项目获得国家及部、省级优秀勘察设计奖。

　　我院拥有市政行业（燃气工程、轨道交通工程除外）、建筑行业，工程勘察、工程测量、工程咨询、工程监理、岩土工程检测、建筑施工图审查等 23 个专业甲级资质，工程总承包、城市防洪、市政施工图审查等 3 个乙级资质及城市规划等 5 个丙级资质，通过 ISO 9001 国际质量体系认证，主要承担大中型工业与民用建筑、城市道路、桥梁、给排水、热力、防洪、公共交通、风景园林、环境卫生等工程的咨询、设计，以及工程勘察、工程测量、工程监理、工程总承包、施工图审查等业务。

　　我院设有党委办公室（工会）、院办公室、财务室、人力资源部、生产经营部、技术质量信息部等 6 个职能部门；设有市政设计所、建筑设计一所、建筑设计二所、经济咨询所、设备设计所、测量队、地勘队、审图中心、建筑设计三所等 9 个生产部门；设有兰州滨河工程监理有限公司、兰州市城建设计院建筑装饰公司（景观设计所）、兰州诚建工程质量检测公司、兰州城建图文中心、兰州益建物业管理有限责任公司等 5 个院属公司；设有北海分公司、珠海分院、铜城分院、兰州新区分院、新疆分院等 5 个驻外机构。

院办公楼夜景

院长 李得亮

我院以创新为动力，不断发展壮大，培养汇集了一大批优秀的专业技术人才，全院现有在职员工 295 人，其中，专业技术人员 258 人，高级、正高级职称 105 人；一级注册建筑（结构）工程师等各类注册人员 90 人次；入选省市各类人才库、成为各级学术带头人的有 80 人次。

建院近 60 年来，先后完成了兰州市南北滨河路、南山路、北环路中段及东段、水秦快速路、国道 109 线（傅家窑至八里湾）、中央大道等道路的勘察设计；完成了城关黄河大桥、东岗立交桥、七里河黄河大桥、雁滩黄河大桥、新城黄河大桥等桥梁的勘察设计；完成了兰州市二热供热管网、西水东调工程、东城区供热工程、兰州市第二水源地输水管线等大口径管网的设计；完成了兰州市五大出入口及南河道综合治理等一大批城市综合整治工程的设计；完成了兰州市曦华源、孙家台经适房、欣欣茗园、兰州新区保障性住房等一批有社会影响力的住宅小区；完成了甘肃省人民医院急门诊楼、兰州西关清真大寺、兰州东方数码大厦、甘肃省商会大厦等大型公共建筑的设计；完成了水车博览园、兰州市市民广场等城市景观的设计；完成了一大批城市生活垃圾场及固废处理、污水处理等城市基础设施项目的勘察设计。入选中国当代建筑设计百家名院。

北滨河路延伸段立交

北滨河路西延段立交

甘肃农垦总部经济大厦

甘肃省计量研究院检测基地

甘肃民勤生态文化园

甘肃省庆阳市青少年活动中心

国道 109 线（忠和傅家窑立交至八里湾）改扩建工程

兰州市中央大道

兰州新区公共综合档案馆及公共图书馆

兰州新区中川驿站

兰州雁滩雕塑公园

榆中县北关花园棚户区改造项目

中国昆仑工程有限公司
CHINA KUNLUN CONTRACTING & ENGINEERING CORPORATION

中国昆仑工程有限公司（英文简称 CKCEC），创建于1952年，前身为中国纺织工业设计院，现隶属于中国石油天然气集团公司。公司持有国家颁发的石油天然气、化工石化医药、轻纺、建筑、污水处理等行业的设计、勘察、咨询、监理、造价、工程总承包、环境治理等甲级资质证书，以及特种设备设计许可证书；通过了 ISO9001、ISO14001、OHSAS18001 和中石油 HSE 等管理体系认证；享有国家授予的对外经营权。

六十多年来，秉承"以设计为龙头提供先进技术，以承包为平台打造精品工程"的企业精神，公司长期致力于石油化工、合成材料、化纤纺织、环境工程、煤基化工、民用建筑等多个领域的建设创新与行业发展，为国家工业发展和国民经济建设做出了积极贡献。

公司拥有雄厚的技术开发力量和工程化实力。现有职工900余人，其中，全国工程设计大师2人，行业设计大师4人，享受政府津贴专家1人，国家注册执业资格人员300余人，高级职称人员300余人。

公司承担国家级重点项目及各类大中型工程项目2000余项，国外重大工程100多项，业绩遍及全中国及国外30多个国家地区；获国家科技进步特等奖、一、二等奖和全国、省部级优秀勘察设计奖、管理奖近600项；主编、参编国家规范及行业标准60多项。承担多项国家科技攻关任务，拥有 PTA、聚酯、芳纶、聚乳酸、甲

1. 滁州安邦聚合高科有限公司聚酯工程
2. 浙江华联三鑫 PTA 污水处理 EPC 工程
3. 浙江恒逸15万吨聚酯装置（自主技术首套）
4. 桐昆恒腾二期60万吨／年聚酯装置（单套全球最大）
5. 中蓝晨光1000吨／年芳纶1414工程
6. 重庆蓬威石化有限公司年产90万吨 PTA 工程（自主技术首套 PTA 装置）

醇制汽油、CO_2 捕集和工业废水处理等成套技术及装备，取得国家专利 114 项。其中，大型化百万吨级 PTA 成套技术、大型化聚酯系列化成套技术、炼化污水处理成套技术为同类项目和装置的国产化奠定了基础，以此高新技术带动了国际工程承包，极大促进和推动了行业发展。

公司始终坚持"诚信、创新、服务、共赢"的经营理念，强化质量、安全、环保责任，信守品牌承诺，被评为国庆60 周年勘察设计行业"十佳工程承包企业"，多次荣获中央企业先进集体、首批"AAA 级信用企业"和北京市"高新技术企业"、全国勘察设计百强企业等荣誉称号，享有较高社会知名度与优良信誉。

公司除在工业项目领域拥有技术优势外，在民用建筑项目上也具有丰富的设计经验。

民用建筑的设计原则是，秉承"以顾客为中心，竭诚服务，精心设计，质量第一"的指导思想，项目结合环境，设计以人为本。用现代化的建筑技术手段阐释触动心灵的建筑艺术空间，力求每个建筑都成为让顾客满意，与环境契合，既有经济效益又有社会效益的成功作品。伴随国家建设发展的脚步，公司在国内外设计了大量的公共建筑和住宅建筑。

公共建筑类型主要为：医疗类建筑、综合商厦、科研办公类建筑、驻外使馆建筑、酒店宾馆建筑、体育文化休闲建筑。

住宅建筑类型主要为大规模小区、低密度别墅区，以及民居村落的设计。

公司将继续保持优势领域，积极拓展业务范围，致力于科研成果转化、行业技术发展、科技集成创新等方面的研发和推广应用，在工业建设领域和民用建筑领域做出积极贡献。

期待与您携手合作，同建富强中国，共创美好未来！

7. 北京大学人民医院　　　　11. 中科院高能物理所
8. 上海纺科院办公楼　　　　12. 江苏吴江盛泽城市广场
9. 北京普仁医院　　　　　　13. 中国驻津巴布韦大使馆
10. 北京奥运会击剑训练馆　　14. 北京绿城百合公寓

华建集团
ARCPLUS

设计单位：华建集团西北中心
所 在 地：中国·陕西·西安
主要用途：停车楼
客　　户：西安城投新能源有限责任公司
占地面积：6945 平方米
总建筑面积：39873 平方米
设计时间：2016 年 6 月至 2017 年 6 月
施工时间：2017 年 6 月
预　　算：200000000.00 元

1. 文景路沿街鸟瞰图：老建筑的创意改造与新建停车楼的完美结合旨在打造城市新能源示范窗口。高耸的构筑物不仅承载了场地记忆，也提高了项目的标识性

2. 新能源停车楼透视图：利用不同透明度的玻璃材质，形成建筑体块间的对比

3. 东北角透视图：磨砂玻璃，清水混凝土，垂直绿化，锈蚀钢板等材质构成了丰富的建筑沿街主立面

4. 东南角鸟瞰图：夜间灯光透过不同透明度的磨砂玻璃形成朦胧的光感效果，若干个发光的玻璃盒子使得建筑在夜晚更具标识性

5. 新能源停车楼方案生成：停车楼的设计考虑结合了多种技术构想，包括垂直绿化，光伏发电技术，无梁楼盖高效结构体系等，不仅使建筑本身实现了绿色生态，节能环保的目标，同时也为建筑外立面增添了新能源的建筑特色

6. 新能源科技馆（老楼改造）方案生成：保留原有结构体系，重新设计老厂房的建筑外表皮，使得新旧元素有机结合，展现老建筑的新面貌

华东建筑设计研究院有限公司陕西西北中心

本项目位于西安市经开区，交通便捷，东临文景路，南临凤城一路。基地临近二环北路，位置优越，交通方便，具有较高的土地价值。周边商业配套比较集中，只有海璟国际一处大型公共商场，虽然产业业态比较多样化，但整个片区缺乏高品质的特色公共配套。未来项目会增加一些为充电站以及周边市民服务的商业，展览空间，助力与周边区域发展。

设计内容根据业主的要求及项目地块的用地性质和特点，本项目为旧厂区改造设计，由原有的市政热力供应站通过旧厂房、厂区改造升级成为以新能源充电停车为主要功能的综合性一体化、多环节复合的示范服务区。以绿色生态、高效运营、市民体验、场所记忆为设计主旨。

项目由两大功能组成：新能源充电站与新能源科技馆。

新能源科技馆：由一栋旧厂房改造而成。原厂房功能为燃煤锅炉房，内装 4 台 20 吨锅炉，经对原有设备拆除、厂房空间重塑、外面重新设计后，改造成为一栋为新能源客群提供集新能源科技展示、公共交流的综合服务楼。

新能源充电站：由一栋主体四层局部五层的开敞停车楼构成，平面形状规则，结构形式为板柱—剪力墙结构。一层为公共巴士、市政车辆充电区，二到四层为新能源小轿车充电区，五层为新能源实验中心，顶部造型采用多边形光伏板组成。

新能源充电站和新能源科技馆之间由一层高的平台连接，平台下部为热力办公及新能源科创交流中心。

7. 剖面图：新老建筑之间由一层的公共活动平台连接。平台下方为新能源监控大厅和热力办公区。新能源停车楼地上共有四层，局部五层为新能源实验中心。其中首层为城市公交、市政等大型车辆停车充电楼层，二层至四层为新能源出租车、新能源私家车停车充电楼层，为开敞式停车楼。新能源科技馆为原有旧厂房改造而成。主体分为四层，首层为新能源综合办公，二层和三层为新能源科技馆，四层为新能源研发中心

8. 总平面图：充分利用建筑规划用地，合理安排新老建筑在地块中的位置关系，合理布置道路开口，在用地东侧及南侧各设置一个机动车出入口，人车分流，做到交通组织效率的最大化

9. 场地交通组织分析：合理布置车行入口和人行入口，正确解读场地和周边城市道路的关系，同时合理地设置地下车库出入口和停车楼的车辆出入口，实现停车系统的科学性和高效性

10. 绿化分析：采用多样绿化形式，通过多层次的植物群落提高绿地空间利用率

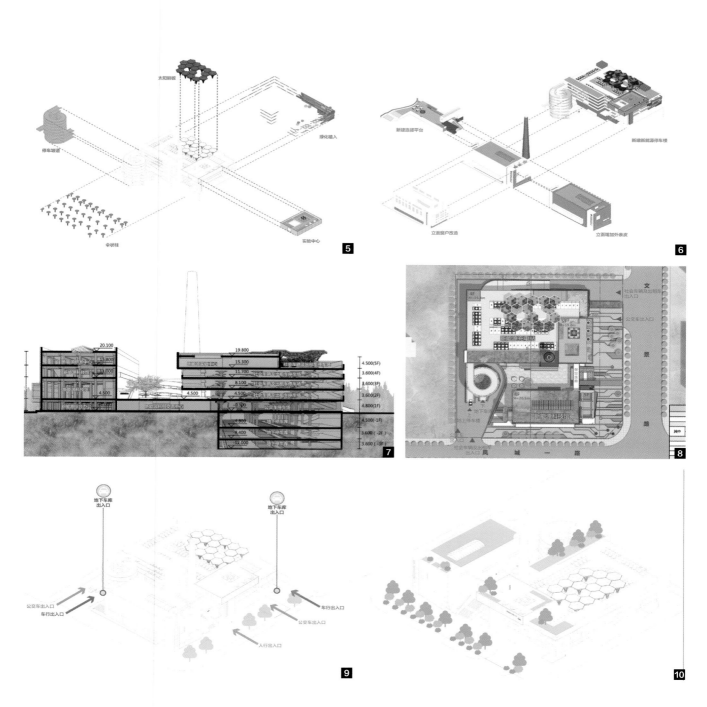

华凯建筑设计（上海）有限公司

华凯国际
GDF ARCHITECTURE

客　　户：万达集团
服务内容：概念方案、初步设计、施工图配合、现场配合
所 在 地：山东省青岛市黄岛区
设计类型：文化建筑
占地面积：143358 平方米
建筑面积：42000 平方米
设计时间：2014 年 10 月至 2016 年 10 月

本案位于山东省青岛市黄岛区西海岸经济新区中央商务区内，分为影视产业园、大剧院、秀场、万达茂、酒店群、游艇交易中心、国际医院、滨海酒吧街等八个功能区分。秀场和剧院项目总规划用地面积14.3358 公顷，位于整体项目的核心区。

两栋建筑的总体布局灵活，最大限度地利用了建筑用地和空间，同时兼顾了长期运营的因素，减少后期运行和维护费用。建筑布局契合场地特征，集中布置于场地西侧，以达到从城市的每个角度都可以完整地看到两个建筑的效果，完美的凸显出了建筑的地标性。景观根据建筑形体而设计，采用流动的曲线，使得建筑与整体景观有机地融为一体，从视觉和内涵双方面提升了整体品味。本方案是将中心广场围绕着剧院和秀场形成一个组群，在开阔的天海之间营造恢宏的气势，又利用中央大道的贯穿效用和建筑的收分结合，在视觉上营造一种不停变换，大开大合的磅礴之感。

建筑外立面形态灵感是结合基础形体并就地取材而来的"碧海双螺"，是海边的常见之物，给人以熟悉的亲切感，并且具有丰富的文化内涵。将"海螺"的具象形态抽象化，取其形体与肌理的神韵，运用不同的曲线组合，分别赋予不同的表现形式。两栋建筑临海而立，一动一静，高低错落有致，如同艺术雕塑一般，外立面使用铝板、彩釉玻璃等现代建筑材料，晶莹剔透，从内可向外观海景，从外可见晶莹内核一般的室内空间，成为滨海动人的一幕。

1. 西南视角的鸟瞰图。东方影都剧院和秀场在外立面形态设计手法和理念上极具现代化与国际化

2. 总平面图

3. 夜景效果图

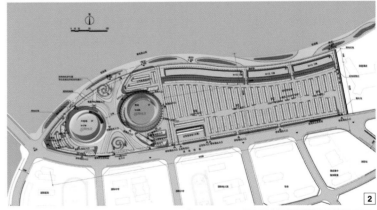

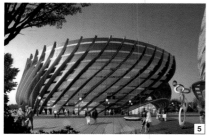

4. 为了严格把控实际的建筑材料上墙效果，前期所有设计工作完备后，再将建筑模型导入 CATIA 软件中进行更为精确的三维定位，把建筑的每一段弧线、每一个小的形体都数字化，并进行力学分析，为后期施工做铺垫

5. 秀场效果图

6. 大剧院室内细节结构实景图

7. 大剧院实景图

8. 大剧院主入口及雨棚实景图

9. 大剧院室内实景图

10. 大剧院实景图。临海而置，体态活泼，有利于建筑造型以及宾客观赏海景

11. 大剧院效果图。东方影都大剧院包含一个 1970 座的剧场以及相应的配套服务空间。建成后将在奥斯卡学院的协助下举办盛大的电影节开闭幕式，每日红毯秀等活动，将为观众带来非凡的视觉盛宴

12. 大剧院实景图

13. 大剧院实景图。考虑临海特点，在外立面造型和选材时考虑风荷载以及盐腐蚀等因素，采用圆润的造型来减弱风荷载的影响，建筑大面玻璃幕墙体系采用高性能的氟碳喷涂橙色铝板和耐腐蚀的高性能夹中空钢化 Low-E 玻璃，并通过镀膜玻璃的方式确保整体建筑观感保持统一

北京城建设计发展集团股份有限公司

所 在 地：荷兰恩斯赫德
主要用途：家庭住宅
客　　户：T.J. 克诺尔（T. J. Knol）与 I.E.C. 布朗（I. E. C. Blans）
占地面积：900 平方米
内部面积：250 平方米
总建筑面积：310 平方米
设计时间：2004 年 5 月至 2005 年 5 月
施工时间：2005 年 11 月至 2009 年 11 月
预　　算：900000 欧元

1. Welpeloo 别墅 60% 的耗材都是再生材料。这座建筑与众不同的形态和材料选择是由建筑场地周围可用的废料产品决定的。

2. 底层与二层的平面图：艺术品收藏室定义了建筑核心，而别墅的各种空间都是通过从这一中心元素延伸而出所形成的多个表面构成的，这些表面同时也充当了客户艺术展品的展示墙。

3. 客户手绘草图。

4. 恩斯赫德附近地区的产量地图：一般情况下，产量地图会显示可用材料的来源、废弃建筑、荒地、基础设施以及潜在的能源来源。2012Architecten 建筑事务所原本会派遣调研小组，但是现在，他们已经积累了足够的经验：利用荷兰商会（Dutch Chamber of Commerce）的工业垃圾来源清单就可以让问题迎刃而解。

5. 效果图：建筑师在整个设计过程中与客户保持沟通。他们借助平面图、效果图和实物模型展示了自己的想法。概念效果图是基于利用铁轨枕木的想法（左图），而右图是建筑的竣工效果图。

　　本例中，建筑师在别墅所在地半径 15km 的范围内进行了搜寻。施工现场坐落在恩斯赫德的 Roombeek 区，这里被 2000 年烟花爆竹工厂的一次爆炸夷为平地。项目客户具有高度的环境意识，两人是扬·荣格尔特的故交，特意聘请这家颇为高瞻远瞩的工作室来设计自己的新家。克诺尔与布朗都是当代艺术收藏家，因此他们的简报要求建造一个半开放性的私人住宅，除了生活空间外，还要开辟一个独立的区域，来展示他们的藏品或者是举办展览。

　　大多数建筑师都会利用设计方案来标记自己选择的材料，但 2012Architecten 建筑事务所则利用产量地图来标记材料的采购地，展示了别墅的外观和形态。主体结构利用钢材剖面制造，这些钢材来源于一台用于纺织品制造、完成串珠和装饰线条的机器，这一行业在这一地区一度风头无二。建筑立面是用从当地电缆厂采购的多余电缆盘上拆卸下来的木板镶嵌的，这一千个电缆盘为立面和内墙提供了足够的材料。而横梁所用的木料则来自附近一栋刚刚被拆除的建筑，用于绝缘的聚苯乙烯（EPS）材料、玻璃棉还有反光材料都是从这栋建筑上拆卸下来的。

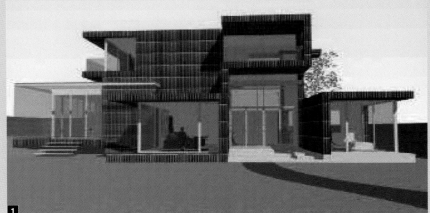

6. 在方案与设计开发阶段的不同时间制作的一系列模型: 模型比例尺从 1:200 到 1:50。

7. 事务所当时还制作了初步设计模型来展示立面外观, 这种模型是指导承包商进行施工的、行之有效的工具。2012Architecten 建筑事务所更倾向于成为施工团队的一部分, 在设计开发的初期就与承包商通力合作。但这种做法在 Welpeloo 别墅项目中却造成了棘手的问题, 因为建筑师最开始在事务所本地而不是项目所在地聘请了一位承包商, 导致建筑过程中拖延现象严重, 问题接踵而至。后来, 他们不得不聘请另一位承包商来完成这一项目。

8. 该建筑主体结构所用的钢材来自于当地的一台用于纺织品制造的大型机器。这台机器的尺寸是 4.14m×10m×6m。

9. 这台机器最后被拆卸成了原料。当时就是否使用二手钢材, 2012Architecten 建筑事务所进行了深思熟虑, 因为回收钢材的品质似乎无法保证。结构工程师按照钢材的最低品质进行了测算, 以避免在当地规划机构那里遭遇问题。

10. 钢铁结构在被拆解之后重新上漆, 原本的长度基本没有改变。在最终的设计方案中, 房屋的钢构宽度缩减了 10cm, 因为钢制框架的长度和原本基于使用剩余铁轨枕木的初始理念不匹配。

深圳市建筑设计研究总院有限公司

蚌埠博物馆及规划档案馆

建设地点：安徽省蚌埠市
建筑面积：68333 平方米
用地面积：95499 平方米
设计时间：2011 年
竣工时间：2015 年
合作建筑师：邢立华、徐昀超、周富、李松名、曾智、刘瑞平等
建筑摄影：周富

当前中国各地新城的规划普遍倾向于将文化建筑集群与行政中心并置，试图塑造一个在轴线控制下的政治文化中心，往往导致文化建筑的设计首先要服从政治审美的需求。面对这种矛盾，我们的设计试图在兼顾建筑的中正布局和庄重的政治形象的同时，从中寻找文化建筑的公共性、开放性和亲民性表达。

项目由博物馆和规划兼档案馆两栋建筑组成，总建筑面积 6.9 万平方米。我们首先考虑将平民化的公共活动引入场地，为政治性的中央广场注入活力。建筑主体布置在地块南侧，在北侧完整地退让出一大片城市绿地，在建筑之间置入城市广场，容纳当地大型民间艺术"花鼓灯"的表演以及市民日常的休闲娱乐活动。

两栋建筑统一为方形空间布局，同时采用差异化的设计原则。博物馆形体效仿层岩断面 折叠交错，与玻璃幕墙形成强烈的虚实对比，强调雕塑感和厚重感。规划档案馆的屋面弯曲倾斜，中央矗立圆筒状核心空间，勾勒出独特的建筑轮廓。两个建筑交相辉映，以实对比虚，厚重对比轻盈，历史对比现在，形成一种和谐的对话关系。

1. 鸟瞰图
2. 博物馆
3. 规划馆侧面图
4. 规划馆外景图

南京市高楼门教堂

南京市高楼门教堂复建项目用地面积 1951.60m²，总建筑面积 3620m²。项目位于南京市中心区域，玄武区高楼门，地理位置十分优越。基地周边为现有的居民生活区，交通便捷，基础设施完善。

设计充分利用地形地势，布置教堂建筑与标志塔，功能建筑特征明显，形象高耸。

建筑设计立意新颖，造型独特，以折纸的手法诠释了中国文化与宗教精神。设计采用了哥特式建筑风格，非曲线的精简锐角三角形尖顶造型阵列，外立面三角形韵律强烈，富有视觉冲击力。入口大楼梯上方巨大的十字架引导人们进入主会堂，临过十字架下方的同时感受着震撼般的心理洗礼。走入室内，对称有序，庄重大方，纵深博大，洗礼台凸显神圣。建筑装饰细致，光晕神秘。白色主调，体现圣洁。

1. 高楼门教堂内景
2. 高楼门教堂
3. 云南博物馆大厅内景之一
4. 云南博物馆
5. 云南博物馆东侧透视

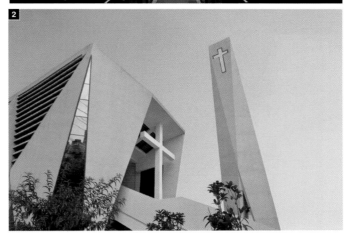

云南博物馆

云南省博物馆新馆是省级大型综合性、多功能的中心博物馆，是云南省标志性文化工程之一，由云南省人民政府投资、云南省文化厅、云南省博物馆新馆建设指挥部筹划兴建。该项目建成后成为昆明新城区具有民族、地方特色和现代气息的云南省重要的标志性建筑。新馆由文物藏品库、文物技术保留与修复、陈列展示、社教、业务科研、行政办公、安全保卫、机电、地下停车库等部分组成。本工程为一类建筑，耐火等级为一级，建筑耐久年限为 100 年。该馆位于云南省昆明市广福路西北侧、新宝象河的东南侧。项目用地面积约 9.1 万平方米，总建筑面积约 6 万平方米，地下 2 层，地上 5 层，建筑高度 34.2 米。省博物馆新馆的设计力求达到国际先进水平和国内一流，具备丰富的文化内涵和建筑哲理，汇集现代建筑艺术和科学技术于一体，成为体现 21 世纪现代化、国际化城市形象的标志性文化建筑。

中国建筑设计院有限公司
CHINA ARCHITECTURE DESIGN GROUP

中国建筑设计院有限公司（以下简称"中国院"，英文标识CADG）隶属于国资委所辖的大型骨干科技型中央企业中国建设科技集团股份有限公司。其前身是始建于1952年的中央直属设计公司，后经原建设部建筑设计院、原中国建筑技术研究院合并组建的一家国有大型建筑设计企业。

中国院现有职工1900余人。其中包括工程院院士2人，全国工程勘察设计大师7人；国家"百千万人才工程"人选4人；经国务院批准享受政府津贴的专家64人；各类国家职业注册人员近400人，高级设计、研究人员600余人，专业技术人员占企业总人数82%以上。

在六十余年的发展历程中，中国院先后设计完成了北京火车站、中国美术馆、国家图书馆、北京国际饭店、外交部办公楼、首都博物馆、2008北京奥运会国家主体育场、国家网球中心、故宫保护、丝绸之路申遗等国家重点工程项目，在中国各省和全球57个国家和地区完成各类建筑设计项目万余项。自1986年至今累计获得包括国家优质工程设计金奖在的各类国际、国家及省部级设计奖项700余项，获得了全国工程质量优秀企业称号。

中国院主营业务涵盖建筑的前期咨询、规划、设计、工程管理、设计总包、工程总承包、工程监理、环境与节能评价等固定资产投资活动的全过程服务。具体包括建筑工程设计与咨询；建筑智能化系统工程咨询、设计与施工；城市与小城镇规划；古建、园林与景观规划；历史文化遗产保护规划与申遗；国家建筑设计标准研究；建筑与住宅产业技术研究；建筑材料及设备研发等。基本形成集建筑设计、城市建设规划、建筑标准、建设信息、工程咨询、室内设计、园林景观绿化、住宅产业化研发、装配式建筑、BIM三维设计技术研发、建筑技术科研等于一体的集团化产业构架。

中国院秉承优良传统，始终致力于推进国内勘察设计产业的革新发展，将成就客户、专业诚信、协作创新作为企业发展的核心价值观，是国内建筑设计行业中影响力较大、技术能力较强、人才汇聚较多、市场占有率较高的领军型设计企业。

近年来，中国建筑设计院在2019年北京世园会、北京通州行政副中心、2022年北京冬奥会、2018年南宁园博会等多个国家级项目中承担了重要角色，充分践行央企义务，攻坚克难，服务社会，创造价值。中国院在南宁园博会与厦门新机场等重要项目中承担设计总包任务，并与中建八局联合中标四川遂宁宋瓷文化中心项目总承包(EPC)工程，遂宁项目采用以设计单位牵头实施的工程总承包模式，对国内建筑产业的建设模式创新具有重要的示范意义。

2022年北京冬奥会综合训练馆"冰坛"

2019 年北京世园会 中国馆

厦门新机场 设计总包

遂宁宋瓷文化中心、牵头项目总承包（EPC）工程

地址：北京市车公庄大街19号
邮编：100044
电话：010-88328888

中国建筑科学研究院

中国建筑科学研究院成立于 1953 年，原隶属于建设部，2000 年由科研事业单位转制为科技型企业，隶属于国务院国有资产监督管理委员会，是全国建筑行业最大的综合性研究和开发机构，具有建设行业博士、硕士学位授予权，建有土木工程博士后科研流动站，拥有包括院士、设计大师、数百名各领域知名专家和一大批中青年科技骨干在内的优秀人才队伍。

我院开展行业所需的共性、基础性、公益性技术研究，科研及业务工作覆盖了建筑结构、地基基础、工程抗震、空调设备、建筑物理、建筑防火、建筑材料、建筑机械以及建筑信息化等建筑工程所有研究领域。近年来，研发工作重点围绕着建筑节能、绿色建筑、健康建筑、生态城市、智慧城市、海绵城市、建筑工业化、住宅产业化、既有建筑改造、综合防灾，又有 BIM 等新技术领域。

截至 2016 年底，我院共完成科研成果 3579 项，荣获国家发明奖、国家科技进步奖、国家自然科学奖、全国科学大会奖等共 97 项，住建部华夏奖及各类省部级科技进步奖 544 项，拥有的有效专利数 510 项；主编约 900 项工程建设技术标准规范，承担了 23 项国家及行业标准化平台的建设及维护工作，为推动我国工程建设标准化、促进建设事业科技进步、加强工程质量管理，以及我国建设事业的发展做出了应有的贡献。

一、既有建筑综合改造技术体系、关键技术与工程应用项目

该项目历经近十年"产—学—研—用"的联合攻关，构建了基础研究、技术开发和应用示范一体化的既有建筑改造技术体系，研发了关键技术与设备，完善了标准体系，解决了我国既有建筑的检测与评定、抗震鉴定、抗震加固与安全改造、节能改造等技术难题，形成系列国家、行业和地方既有建筑安全和节能改造技术标准 22 部、图集 3 部，完善了标准体系，研究成果总体上达到国际先进水平。项目共获得国家发明专利授权 13 项，获得华夏建设科学技术奖、福建省科学技术奖、北京市科技进步奖、上海市科技进步奖共 12 项。依托建立的既有建筑综合改造技术服务平台，研究成果已在我国 26 个省、自治区和直辖市的 100 余项工程中得到了应用，既有建筑综合改造总面积近 400 万平方米，建筑类型包括办公、医院、商场、酒店、场馆、工业、住宅小区等，示范应用效果良好。研究成果通过技术咨询、设计、施工等形式，近三年主要工程应用累计产值达 23 亿元，取得了显著的社会和经济效益。

二、中国建筑科学研究院近零能耗示范楼

2014 年 7 月，中国建筑科学研究院率先建成近零能耗示范建筑，成为我国第一栋近零能耗办公建筑，也是中美清洁能源联合研究中心二期建筑节能示范项目，代表目前中国建筑节能技术发展的最高水平。示范楼以近零能耗为目标，秉承"被动优先，主动优化，经济实用"的原则，集成了多项建筑节能前沿技术和设备。建筑投入使用两年来，实际运行供暖、空调及照明能耗为每年 23k 瓦小时 / 平方米，仅为北京市普通办公建筑平均能耗的五分之一，比常规办公建筑再节能 80%，冬季采暖不依靠传统化石能源，夏季降低 50% 空调运行能耗，照明能耗降低 75%。建造增量成本仅为 800 元 / 平方米，处于国际领先水平。在此示范项目的引领下，带动我国各地建成和在建的各类近零能耗示范项目接近 100 个，示范面积超过 100 万平方米；带动高性能、高质量的建材及部品相关产业近千亿元。

1. 中国建筑科学研究院新科研大楼

2. 中央电视台新台址模拟抗震性能试验

3. 我国最长的建筑风洞

4. 某办公楼平移工程

5. CABR 近零能耗示范楼

6. 亚洲规模最大的屋顶真空玻璃管中温集热太阳能空调系统

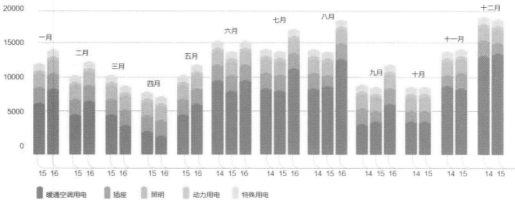

7. CABR 近零能耗示范楼 2014 ～ 2016 年实际运行能耗

![清华安地建筑设计 logo]

北京华清安地建筑设计有限公司

项目名称： 北京首钢西十筒仓改造工程
所在地： 北京市石景山区首钢老厂区西北部
设计单位： 北京华清安地建筑设计有限公司
委托机构： 首钢建设投资有限公司
用地规模： 76951.5 平方米
地上建筑面积： 25830 平方米
设计时间： 2013 年
建成时间： 2016 年
功能定位： 集创意服务、特色商务、工业旅游、文化娱乐休闲于一体的综合创意产业集聚区。

1. 改造前筒仓
最早将该区域选为矿石料场，20 世纪 90 年代筒仓区作为主要为炼铁高炉提供原料储存、运输的仓储区进行了大规模的改扩建工程，形成目前尺度巨大、规模完整的大型炼铁原料仓储区域。

2. 改造完成后的筒仓
筒仓作为原料堆场中最具特色的工业构筑物，其巨大的体量和独特的形态正在整个原料堆场中具有鲜明的标志性。

3. 筒仓改造保留了外立面风貌，在筒仓壁开洞采光，同时加建钢结构楼板，并在两筒之间新建景观电梯。

4. 筒仓改造后的工业遗产展示大厅，为了能够充分展示内部的料斗、混凝土内锥等工业遗存，设计利用紧邻筒仓的一个配电室，将其改造成进入筒仓的入口和展厅。同时一个方形的带天光的中庭与一个圆形的带料斗的展厅形成了非常戏剧性的空间效果，成为筒仓区的核心和新首钢展览大厅。

5. 筒仓保留的料斗外斗，原有的混凝土料斗现在成了展示首钢工业历史和成就的重要遗迹。

首钢西十筒仓区位于新首钢高端产业综合服务区工业主题园区的最北部，西靠石景山，北起阜石路，南至秀池，未来的城市轻轨 S1 线从北部穿过，交通极为便利，周边景色秀丽。

地块内有保留完好的 16 个钢筋混凝土筒仓、两个大型料仓以及其他工业设施如转运站、除尘塔、皮带通廊等。作为整个老首钢工业基地工业景观和设施最典型最独特的地区，西十筒仓区具备比较成熟的改造和再利用条件。

本次改造的工业建筑包括两个直径 22 米，厚约 0.6 米，地上高度 30 米，地下高度 5 米，可容纳 9000 吨无烟煤的钢筋混凝土筒仓和一座大型料仓以及配电房。改造后的筒仓区将成为 2022 冬奥会组委会的办公区。

筒仓和料仓改造尊重原有工业架构肌理，遵循绿色生态理念，也考虑了奥运后再利用问题。筒仓改造保留了外立面风貌，在筒仓壁开洞采光，同时加建钢结构楼板，在两筒之间新建景观电梯。在阳光照耀下，光与影的组合，勾勒出历史与现代交融的筒仓画面。

料仓改造在保留了一段料斗等工业设备，基于保留原有特殊的工业结构和表皮肌理的基础上，利用废弃的材料和绿色生态技术，重新设计新的维护结构和表皮，形成了节能与装饰并存，具有强烈视觉冲击力的工业景观和舒适宜人的室内空间。

本次改造需要将纯粹用于储存煤炭的工业设备改造成为舒适宜人的办公建筑，此类改造工程在国内外都极为罕见。这样的功能转换是对工业遗产的活化与再利用的一次积极的探索与尝试，冬奥会组委会的入驻也充分说明了对这种遗产保护和再利用态度和方式的认可。

宽窄巷子

项目名称： 成都宽窄巷子
所 在 地： 四川省成都市
建设单位： 成都少城建设管理有限责任公司
设计单位： 北京华清安地建筑设计有限公司
用地规模： 占地约 6.6 公顷
建筑面积： 建成后总面积约 61785 平方米

北京华清安地建筑设计有限公司作为清华大学建筑学院建筑设计实践的基地，"产学研"三结合的实践平台。发挥清华大学的学术优势、人才优势、社会资源优势；以学兴产、以学助产；以研促产、以研辅产；产、学、研三位一体共同发展；成为以清华大学为依托，特色突出的综合型学术设计机构。

宽窄巷子是成都市最重要的历史文化保护区，它代表了成都市"两江环抱，三城相重"的城市格局，代表了 2000 年少城文化和 300 年满城文化的传承，代表了北方胡同与川西民居的结合，代表了成都平原的市井生活特征。

核心保护区位于成都市中心，占地约 6.6 公顷，原有民居建筑面积约 61,300 平方米，共计 944 户居民。其中传统建筑院落45 处，占总用地的 70%。2008 年建成后总面积约 61,785 平方米，容积率保持不变。

在 8 年的实践过程中，项目从文化、历史与社会的高度出发，重点研究了历史街区的保护方法与策略；设计中解决消防问题，木结构和砖木结构保护加固的技术措施，传统木构的承重与抗震设计，传统民居建筑的保温节能设计，等等。既保证传统建筑形式与风貌，还要保证现代使用功能与安全舒适。

项目建成后不仅延续了原有的街巷系统与院落肌理，更延续了原住民社区的生活传统，充分融合了成都少城文化的历史韵味和现代成都人"安逸生活"的情趣，成为近年来中国不多的历史街区有机更新项目中最令人称道的案例，塑造了"宽窄巷子最成都"旅游品牌。

成都宽窄巷子历史文化保护区规划设计获中华人民共和国教育部 2009 年度优秀规划设计一等奖，并与清华附小、九寨沟国际大酒店、金昌文化中心 3 个项目同获中国建筑学会 2009 年"建国 60 周年建筑创作大奖"；2014 年荣获了由世界建筑杂志主办的 WA 中国建筑奖——建筑成就奖。

重庆市设计院

重庆市设计院 (CQADI) 系国家建设部、国家发改委批准的甲级勘察设计和工程咨询单位，始建于 1950 年，拥有建筑、市政、勘察、城市规划等 10 余项国家甲级资质。并通过 ISO9001：2008 质量认证。

人才济济：现有在职职工约 1100 人，拥有各类注册人员近 230 人。

业务广泛：专业设置齐全，业务范围包括建筑、市政、勘察、城市规划、工程承包、房地产开发、建筑装饰设计及施工、工程监理、建设科技开发及成果转让等。

技术领先：主持及参与了一批国家和地方标准的编制。特别在山地建筑与规划、乡土建筑与地域文化、山区地基基础、边坡支护、地质灾害治理及深埋地下室防水技术等方面处于全国领先水平。

设备先进：拥有计算机局域网、数码式绘图仪、大型网络工程绘图仪、大型工程复印机、晒图机、投影仪等各种先进的工程技术设备和一系列合格有效的工程、办公等软件。

硕果累累：一贯注重设计质量，工程涉及众多行业，遍及国内 26 个省、市、自治区，在全国各地设计了众多富有影响的项目。

国际交流：与美国、加拿大、法国、英国、丹麦、日本、澳大利亚、新加坡、中国香港等国家和地区的建筑同行建立了广泛的联系，在工程项目上进行了许多卓有成效的合作。

重庆市设计院坚持以"精心设计、求实创新、诚信服务、顾客满意"的质量方针，以优质的产品和高度的责任心竭诚为广大客户提供满意的服务。建院 68 年来共完成勘察设计工程项目 6000 多项，400 余个项目荣获了国家、部、省、市级优秀设计和科技成果奖。

地址：中国重庆市渝中区人和街 31 号
邮编：400015

传真：(023) 63856935
网址://www.cqadi.com.cn

邮箱：cqad@cqadi.com.cn
电话：(023) 63854124 63619826

重庆市设计院设计楼

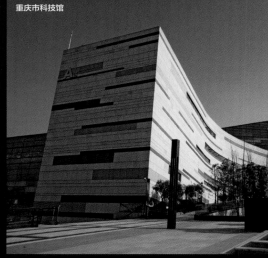

重庆市科技馆

重庆市政府行政办公楼

重庆嘉华嘉陵江大桥

重庆市设计院在重庆核心商圈——解放碑地区部分项目

重庆世贸中心
重庆纽约·纽约
重庆国贸大厦
重庆邹容广场
重庆时代豪苑
重庆地王广场
重庆国贸大厦
重庆方豪酒店
重庆新东方女人广场
重庆谊德大厦
重庆洲际酒店
重庆华侨宾馆
重庆邹容广场
重庆鑫都广场
重庆时代豪苑
重庆帝都广场
重庆聚能广场
重庆裕轮大厦
重庆群鹰商场
重庆江北茶江路
重庆建设银行大厦
重庆韩光百货
重庆大豪景
重庆南国丽景
长江文具店
重庆商业大厦
重庆扬子岛酒店
重庆民族广场
重庆（和记）商务大厦
重庆美美百货
重庆海逸酒店
重庆东方凯悦酒店
重庆大都会广场
重庆御景

重庆渝州宾馆

重庆威斯汀酒

重庆四公里立交

重庆和戎全融中心

新疆维吾尔自治区建筑设计研究院

新疆建筑设计研究院历经 60 年荣耀，是新疆最大的国家甲级建筑勘察设计单位，业务涵盖建筑工程设计、工程勘察、城市规划、市政工程园林景观设计、智能建筑设计、公路工程设计、工程监理、工程咨询、工程造价咨询、工程概预算、BIM 技术设计、建筑装饰设计、绿色建筑和地域建筑研究等。

现有正式职工 600 余人，其中，中国工程院院士 1 人，全国勘察设计大师 1 人，享受国务院政府特殊津贴的专家 11 人，自治区优秀专家 3 人，教授级高工 20 人，各类注册师 183 人。

我院在绿色建筑、地域建筑、建筑节能、装配式建筑、BIM 设计和参编国家标准方面等领域始终走在新疆设计行业前列。

我院坚持走现代与地域相结合的创作道路，在吸收、借鉴、传承传统建筑文化和地域建筑特色风格的基础上不断创新，反映时代精神。350 多项设计作品获国家和省部级优秀设计奖，并获得住建部唯一授予的"少数民族地区建筑创作进步奖""中国建筑设计企业杰出贡献奖""当代中国建筑设计百家名院""全国勘察设计行业创新型优秀企业""推动建筑设计行业发展突出贡献单位"等荣誉称号。

我院将与时俱进，坚持"科学管理、精心设计、质量第一、顾客满意"，为行业发展和社会进步做出新的贡献。

我院近年部分项目展示：

项目名称：可可托海国家地质公园博物馆暨游客服务中心（合作设计）
建筑年代：2010 年
规　　模：5687 平方米
获得奖项：全国优秀工程勘察设计行业建筑工程一等奖
　　　　　两岸四地建筑设计卓越奖
　　　　　自治区优秀工程设计一等奖

项目名称：和田玉都大巴扎
建筑年代：2015 年
规　　模：151970 平方米

项目名称：幸福堡工程
设计时间：2011 年
规模：6188 平方米
获得奖项：中国建筑学会优秀暖通空调工程设计一等奖
　　　　　自治区优秀工程设计二等奖

项目名称：库尔勒市民服务中心、展示中心
设计时间：2012 年
规模：45000 平方米、35000 平方米
获得奖项：2017 年度全国优秀工程勘察设计行业奖公建类二等奖

项目名称：乌鲁木齐绿地中心
设计时间：2013 年
规　　模：38 万平方米

项目名称：乌鲁木齐市第一人民医院分院门急诊病房楼
设计时间：2007 年
规　　模：89000 平方米

项目名称：天山大峡谷游客中心（合作设计）
设计时间：2013 年
规　　模：6700 平方米
获得奖项：2017 年度全国优秀工程勘察设计行业奖公建类二等奖

项目名称：新疆电视台译制中心
设计时间：2011 年 规模：10943 平方米
获得奖项：全国优秀工程勘察设计行业建筑工程三等奖
　　　　　自治区优秀工程设计二等奖

项目名称：博尔塔拉宾馆
设计时间：2007 年
规　　模：23500 平方米
获得奖项：全国优秀工程勘察设计行业建筑工程三等奖
　　　　　自治区优秀工程设计二等奖

项目名称：伊犁师范学院新校区概念性规划
设计时间：2016 年
规　　模：84.13 公顷（总用地面积）、355489 平方米（总建筑面积）

项目名称：新疆昌吉市恐龙馆
设计时间：2009 年
规　　模：6891 平方米
获得奖项：中国建筑学会建筑创作银奖
　　　　　自治区优秀工程设计二等奖

项目名称：吐鲁番机场航站楼
设计时间：2009 年 规模：5300 万平方米
获得奖项：中国建筑学会建筑创作银奖
　　　　　自治区优秀工程设计一等奖

珠海中建兴业绿色建筑设计研究院有限公司

珠海兴业新能源产业园研发楼
（★★★&LEED铂金级）

项目名称：珠海兴业新能源产业园研发楼
评价标识：设计标识+运行标识+LEED NC
评价标准：《绿色建筑评价标准》GB/T 50378-2006、LEED
评价星级：铂金级、三星级★★★
其它获奖项："挑战杯太阳能建筑设计与工程大赛"一等奖

○ 项目概况

珠海兴业新能源产业园研发楼的平面设计灵感来源于自然界中的树叶，寓意本建筑回归自然、绿色低碳的设计理念。以"超低能耗"为目标，以"被动优先，主动优化"为原则，辅以多种形式通风技术、外遮阳与通风结合的光伏幕墙技术、建筑能源管理系统等构成别具一格的低碳建筑整体。该项目不仅成为中美清洁能源联合研究中心建筑节能联盟超低能耗示范项目，并入选广东省重大科技专项以及住房和城市建设部绿色建筑示范工程。

○ 建设指标

总用地面积17825.62平方米
建筑基底面积2302.72平方米
地上总建筑面积23546.08平方米
建筑层数：17层（包括3层裙楼）
建筑高度70.35米

○ 绿建等级

建设超低能耗高经济性的绿色办公建筑
美国LEED铂金级认证项目
中国绿色建筑三星认证项目

○ 技术指标

指标	数值
单位面积年能耗（总体能耗）目标	$50.25 kW·h/(m^2·a)$
单位面积年能耗（总体能耗）基准	$96.6 kW·h/(m^2·a)$
节能率目标（不含可再生能源）	74%
总节能目标（含可再生能源）	77.4%
可再生能源替代量	$156.5×10^3 kW·h$
可再生能源替代率	13.25 %

SINGYES SOLAR
港股代码：00750

兴业太阳能 **引领低碳经济**
Leading A Low Carbon Economy

○ 技术要点

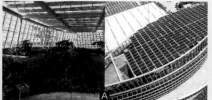
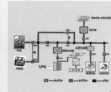
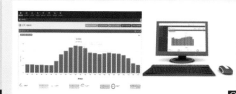

A　B　C　D

双层屋面设计 A
园林式屋面绿化
光伏双玻百叶女儿墙
光伏遮阳

交直流混合光伏智能微电网 B
POE直流供电照明系统
多能互补微电网

建筑能源管理系统 C

入口设计 D
双层点式光伏雨棚
电动车充电桩

底层无空调大空间 E
雨棚光伏直驱大吊扇
蒸发式冷气机
可调玻璃大百叶幕墙
垂直风道自然通风
水幕帘降温系统

空调及新风设计 F
RFID照明、空调、新风三联控技术
高效水冷机组
多联机
直流无刷风机盘管
空气质量监控系统

G 雨水利用

H 多功能幕墙
光伏发电（或墙面绿化）
遮阳（0.66自遮阳系数）
水平垂直自然通风
保温防火
智能透明插接式光伏组件
开启扇4级气密性
三银Low-E玻璃
调光玻璃

I 裙楼幕墙设计
外遮阳百叶

J 光热系统与PVT系统

K 导光管

L 能量回馈电梯

M 园林设计
低冲击开发

E　F　G　H

I　J　K　L　M

华中科技大学

项目名称： 恩施大峡谷女儿寨度假风情酒店
建设单位： 恩施马鞍龙房地产开发有限公司
设计单位： 武汉华中科大建筑规划设计研究院有限公司
建筑设计： 李保峰（建筑）、丁建民（规划）、徐昌顺（景观）
建设地点： 中国湖北恩施州大峡谷女儿寨
结构形式： 钢筋混凝土框架
设计时间： 2013 年 7 月至 12 月
竣工时间： 2015 年 6 月
用地面积： 28750m²

恩施大峡谷是 5A 景区，本项目为 1600 床位的山地度假酒店群，集餐饮、住宿、会议、娱乐及休闲于一体。

项目选择平均坡度约为 30% 的荒山坡地，坡度构成了山地聚落之鲜明的可识别性，地形变化则导致建筑的动态性及其外部空间的趣味性。

交通组织充分考虑了显山露水的借景关系，位于不同高程的汽车路及步行"天街"，决定建筑采用立体化的交通组织，为公共空间提供更佳活力。

山地地形复杂，坡度和坡向变化多端，建筑基面具有不确定性，由于鄂西长年阴雨，环境湿，水流快，故本设计采用"减少接地"的半干阑方式，在减少土方量的同时创造了更多的使用空间。

建筑布局尽量减少大尺度的连续直线，有限长度之单体建筑的长边平行于等高线，如此不规整的布局方式反而创造了灵动的外部空间，山地建筑在尊重地形的同时，其自身也成为景观的一部分。

乡土建筑的部分特色源自于地域材料，本设计适度地使用一些非装饰性地域材料，如灰瓦、块石及重组竹墙面等。

大峡谷位于场地西侧，从景观及地形出发，建筑布局应该坐东朝西，但从气候适应角度，则建筑主立面应该朝南。鉴于大峡谷景色是度假小镇的不可改变的资源，我们使得几乎所有客房及公共空间都面对大峡谷，不仅实现了景观特色最大化，还大大节省了工程造价，而以活动遮阳解决下午西晒问题。

山地建造防灾为先。挡土墙既是安全措施，又是空间围合手段，有时还就是建筑立面的延续。本项目以重力式挡土墙将多层高差分级处理，其间设绿化带，既可化解塌方隐患，又可形成有层次的带形绿化。

挡土墙与阶梯绿化

步行休息平台

度假小镇全貌

落日余辉

天街空间

天街空间

面对大峡谷的山地客房

大峡谷环境

作为立面的挡土墙

从大堂吧看大峡谷

从公共露台看大峡谷

大峡谷之下的原始坡地

利用坡地形成的户外剧场

天津大学建筑设计研究院

项目名称： 海亮国际幼儿园
建筑面积： 16705 平方米
总用地面积： 10336 平方米
设计时间： 2014 年 1 月
施工时间： 2016 年 1 月

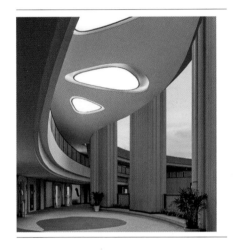

项目名称： 海亮教育园学生活动中心
建筑面积： 11627.18 平方米
总用地面积： 28847 平方米
设计时间： 2013 年 5 月
施工时间： 2016 年 1 月

学生活动中心建设用地位于园区的东西主轴线与南北景观大道交叉点上，风景宜人，处于园区的最佳位置，可供整个园区学生使用，风景宜人。北侧国际学校区，南侧普通教学区，东侧景观大道，西侧为自然山体。总体地势呈西高东低，东西高差 9 米。

学生活动中心设计，坚持以人为本，可持续发展；坚持"智能、节能、环保"的设计理念；坚持"生态型、园林式"的设计要求，融校园文化、建筑文化、景观文化于一体，注重生态与人文的和谐统一，贯彻环境育人的宗旨。

东西主轴线穿过场地，自然地把建筑分为南北 2 个区域。南侧 A 区由会议中心和一个能容纳 1100 人的多功能厅组成，北侧 B 区科技艺术中心与学生生活街组成。南北两侧区域充分结合山势，与山体有机结合，巧妙地融入周围环境，与山水浑然一体。南北两侧建筑由一个丰富多变的半圆形活动平台和东西两侧的弧墙结合在一起，形成一个和谐有机的整体。

我们希望能创造出一个真正符合儿童心理需求，能促进儿童身心健康成长的场所，一个既安全愉悦又充满趣味和活力的空间，我们提出打造一个幼儿园新印象的目标，那就是"舒展与柔软"。

一个变异的椭圆形母体形成的完整的空间形态，把复杂的环境与功能隔离开，同时提供了一个舒展的围廊，一个宽敞的大院。蓝天、大地、山体、空气被多维地纳入幼儿们的生活体验中。椭圆体向着"舒展和柔软"的印象特征进行了数度不同层次的形态变异，平面从封闭到开敞，界面从锐利到平滑，细节从僵硬到柔软，视野从局促到舒展……

幼儿园的空间富有奇妙的流动感，儿童们的行为受到最小的限制，舒展而通透的走廊空间与游戏空间的结合，同样使整个幼儿园弥漫着柔软的多样性。檐口与走廊吊顶部位经过了特别的造型，极大程度地促使冰冷僵硬的建筑属性转化为柔软的特殊印象。朦朦胧胧的 U 形玻璃，更加强了舒展、柔软的印象特征，就像母亲的臂弯，又像一个欢乐的大沙坑，从而萌生新的体验，神奇而美丽，简约而有趣，舒展而柔软。

与山融为一体的「山·门」

因山而生

山脚下散落的石块

项目名称：天津大学新校区行政管理中心
建筑面积：27757 平方米
总用地面积：21394 平方米
设计时间：2013 年 6 月
施工时间：2015 年 8 月

　　行政管理中心位于天津大学新校区校前区域教学区之间的过渡区域，其所顺应的轴线与校前区、教学区轴线汇聚于同一点，体现出新校区校园规划设计的整体性，同时也强调了行政管理中心特殊的地位。项目总建筑面积 22757 平方米，其中地上建筑面积 19328 平方米，地下建筑面积 8429 平方米；地上 4 层，地下 1 层，建筑高度 19.62 米。

　　在设计中采用"化整为零"的总体布局，建筑体量舒展地铺陈在整个基地当中，分别朝向东西南北的四个庭院根据其功能属性被赋予不同的空间体验，优美的自然环境通过庭院引入办公环境，实现两者良好的融合。

　　沿袭老校区深厚历史背景下工科校园严谨厚重的特征，建筑用色沉稳，外饰面为页岩烧结清水砖墙，设计风格端庄稳健，充分考虑了整体造型与局部细节的和谐统一以及构成的逻辑性，既体现了天津大学作为百年老校的悠久底蕴，又表达出新的时代特征。

　　结构设计采用了先进的消能减震技术，通过设置软钢屈服型位移阻尼器，有效地减小地震作用，达到控制构件截面和减少配筋的目的，在保证结构安全性的同时降低了结构造价。

项目名称：于庆成美术馆
建筑面积：1682.91m²
总用地面积：31835m²
设计时间：2012 年 5 月
施工时间：2016 年 3 月

　　于庆成美术馆坐落于天津蓟州区府君山南麓山谷之中，主要用于展出雕塑大师于庆成的艺术作品。于庆成的雕塑自成一派，名满天下，被联合国教科文组织授予民间工艺美术大师的称号。他的雕塑具有浓郁的民间艺术特色，而又不缺乏强烈的艺术感染力。一团泥巴经过一双手的塑造就变成了艺术品，他的作品基本保持了泥土的本色，造型质朴夸张、情态富于戏剧性的流露，表现冀东农民朴实乐观的精神面貌，具有浓郁的乡土气息，让人过目不忘。美术馆的建筑艺术与于庆成的雕塑艺术，相互辉应，珠联璧合。

　　于庆成美术馆是一个从头至尾充满运动变化的并有两个或多个不同表现形式端头的形体，该形体表现得不是一个结果而是一个过程，一个不断流动变化的空间形体，一个从静态到动态的过程，一个时空演变的过程。一个机体生长的过程，一个没有焦点的建筑，一个包含有从线性到非线性变化的几何构成，兼具拓扑与分形的特征。

　　力学——体态从静到动；微分——形式从直到曲；

　　层级——分块从大到小；光学——颜色从深到浅；

　　测量——面层从厚到薄；计量——缝隙从宽到窄；

　　物理——质感从粗到细；维数——从二维到三维；

　　性状——气质从刚到柔；哲学——属性从阴到阳。

　　于庆成美术馆获得了 2017 年香港建筑师协会建筑设计大奖，德国设计委员会 2017 年德国标志性设计奖（conic Awards 2017）

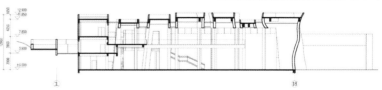

中外建工程设计与顾问有限公司
深圳分公司

工程名称： 深福保海天厂区（图1）
所 在 地： 广东省深圳市
客　　户： 深圳市大工业区（深圳出口加工区）开发管理集团有限公司
占地面积： 42006.23 平方米
建筑面积： 161770 平方米
设计时间： 2015 年
设计单位： 中外建工程设计与顾问有限公司深圳分公司

深福保海天厂区创作构思：

通过对传统仓储、生产空间以及保税区新型业态空间（研发培训、展览展示、国际贸易）的研究，提炼出空间"最大公约数"，塑造"魔方单元"。通过对"魔方单元"进行不同组合，形成了不同的建筑模块，打造出灵活、兼容可变的"魔方空间"。

建筑围绕中心水景庭院展开，对庭院与用地东北角的市政公园形成自然围合。同时，以水景为中心呈放射状打开多条景观视觉通廊，保证外部视线的穿透性和周边自然环境的延续性。结合建筑的半围合布局，实现建筑与环境的融合。

工程名称： 湖北远安四馆一中心（图2）
所 在 地： 湖北远安
客　　户： 远安县栖凤城市建设投资开发有限公司
占地面积： 33096.64 平方米
建筑面积： 21874.58 平方米
设计时间： 2017 年
设计单位： 中外建工程设计与顾问有限公司深圳分公司

湖北远安四馆中心创作构思：

我们从三个方面入手，因地制宜、以古为新，将其打造为一个开放式、人性化的城市空间。

建筑形态

保留了原有厂房的主体结构，结合现代的语言，对其立面及内部功能和空间进行改造和再生，添加现代功能，新旧对比，形成强烈的视觉冲击。

城市界面

在远安城及工业历史的背景下，植入现代风格的新建筑；营造强烈的对比视觉冲击，打造有标识的远安城市形象。

材料运用

结合远安文化以及当地建筑元素，利用毛石墙、垒石等以及原工厂的红砖墙等建筑肌理，再将现代的建筑设计和构造语言演绎于建筑的立面中。使得其既有远安城市的历史记忆，又有现代的建筑的形象与空间。

工程名称： 荔波县智慧旅游集散中心（图3）
所 在 地： 贵州荔波县
客　　户： 深圳市盛世基业智能交通投资管理 / 有限公司荔波县交通投资有限责任公司
占地面积： 35800.39 平方米
建筑面积： 32510.87 平方米
其中旅游集散中心面积： 25082.87 平方米
设计时间： 2016 年
设计单位： 中外建工程设计与顾问有限公司深圳分公司

荔波县智慧旅游集散中心创作构思：

"北冥有鱼，其名为鲲，鲲之大不知几千里也化而为鸟，其名为鹏，鹏之背不知几千里也"。

荔波县经几千年的演化海岸线东移、地面上升，原溶洞和地下河等被抬出地表形成干谷和石林。

设计灵感源于"鲲鹏"，运用仿生设计抽象提炼"鲲鹏"——飞冲天的形态，象征宏伟的气势与蓬勃向上的进取精神。

游客集散中心由客运站、游客中心、展示中心和数据中心组成，特定功能由巨幕飞翔影院、四维展厅、办公管理、主题商业、一级客运站、旅游集散区。建成后将与各景区集散中心、机场、高铁站等交通枢纽形成全面的立体全域网，通过大数据和实时路况进行科学的引导改善城市交通，让游客享受智能交通带来的全新旅游模式。

工程名称： 海南万宁新天地广场（图4~6）
所 在 地： 海南省万宁市光明南路
客　　户： 海南新天地发展公司
占地面积： 79116 平方米
建筑面积： 213003 平方米
设计时间： 2015 年
设计单位： 中外建工程设计与顾问有限公司深圳分公司

工程名称： 海南陵水希尔顿逸林温泉度假酒店（图7）
所 在 地： 海南陵水黎族自治县
客　　户： 海南陵水御泉投资置业有限公司
占地面积： 67166.14 平方米
建筑面积： 41284.72 平方米
设计时间： 2016 年
设计单位： 中外建工程设计与顾问有限公司深圳分公司

工程名称： 广东保发珠宝项目（图8~10）
所 在 地： 佛山市伦教镇
客　　户： 广东保发珠宝产业园开发有限公司
占地面积： 100370.99 平方米
建筑面积： 301112.97 平方米
设计时间： 2016 年
设计单位： 中外建工程设计与顾问有限公司深圳分公司

海南万宁新天地广场创作构思：

为了强化商业的体验性，设计通过多首层商业交通组织，引入全天开放的城市立体公园，同时在整个街区设置了三个不同的主题广场，将城市购物空间与城市公园相结合，使逛街与休闲成为一种享受。

设计在技术上除了满足万宁气候所需的遮阳、通风、绿化、植被、水景等需求外，更为重要的是延续和提升当地人们的生活方式、消费习惯及商业行为，营造出既具本土风情又有国际风范的商业综合体。

海南陵水希尔顿逸林温泉度假酒店创作构思：

整个设计以"绿色农业·黎族文化"为主题，适度结合东南亚风情，将酒店打造为富有当地特色的，集休闲娱乐、生态养生、国际会议于一体的温泉度假酒店。

酒店共分为三个片区，北侧山顶温泉区，依山就势，各泡池像大小不一的蓝色珍珠隐于密林中；低层总统客房区，独享私密院落；南侧集中酒店区，为项目核心区。

提炼当地特色植物元素——稻穗、芭蕉叶、缅栀子、灯笼椒，将图案抽象化，运用到主塔立面、门窗、山墙、栏杆设计当中，呼应绿色农业主题，引用黎族图腾，点缀装饰立面细部。

广东保发珠宝项目创作构思：

本项目通过对场地高差的利用，形成东西两个高差不同的立体庭院景观，总图布局使用模块化的组合模式，适应市场的不同需求，方便使用及管理，降低企业运营成本。

园区的流线组织实行人车分流，物流环线设在建筑外围满足所有的货物进出，园区内部主要以人行为主，人车分流各自独立互不干扰。

人文关怀：我们通过对建筑形体的消减、穿插、组合构建出不同层次的"灰空间"，结合立体的生态庭院景观，创造共享的休闲、交流及学习空间。打造一个健康、环保、绿色低碳的新型产业园区。

中国建筑东北设计研究院
有限公司

CHINA NORTHEAST ARCHITECTURAL DESIGN &
RESEARH INSTITUTE   CO.,LTD(SHENZHEN)

中建钢构大厦

地址： 广东，深圳
总建筑面积： 57134.8 平方米
建筑高度： 166.75 米
项目状况： 建成
竣工时间： 2016 年 7 月

项目特点

1. 具有企业特点的总部大厦（全钢结构）

打造全钢结构的总部大厦，彰显企业实力及特点，使之成为深圳总部经济区的标杆，突破写字楼"千楼一面"的现状。同时，该大楼作为企业的一张名片，具有很好的广告效应。

2. 独特的地标性建筑

充分发挥钢结构的特性，创造新颖、独特的建筑形象，使之成为深圳总部物业集群中的标志性建筑。

3. 具有较强的灵活性

注重空间划分的灵活性，做到使用灵活、出租灵活、出售灵活、扩展灵活。

4. 节能、生态建筑

结合气候特征，充分利用成熟的节能技术，减少能源的消耗，创造高效、绿色、可持续发展的办公空间。

5. 博物馆、办公楼一体化设计

从整体考虑中建钢构大厦与西侧博物馆的协调性，使二者成为一个有机整体，遥相呼应。

6. 经济、实用

室内办公空间力求方正、实用，避免出现异形空间及不利于分隔的室内空间，提高办公空间的使用率，有利于降低造价。

郑州新郑国际机场 T2 航站楼

地址：河南，郑州
总建筑面积：750292.7 m²
建筑高度：39.53 m
项目状况：建成
竣工时间：2015.10

项目特点

郑州新郑机场 T2 航站楼及 GTC 位于现有航站区核心位置，T2 航站楼由主楼和 4 个指廊组成。主楼总建筑面积 48.48 万平方米。T2 航站楼主楼地上四层，地下两层。一层主要为行李处理层布置行李分拣、业务用房和贵宾候机室，二层布置旅客到达层及行李提取厅，三层为旅客候机厅，四层为国内国际办票大厅，是旅客出发层，主要布置旅客值机和安检用房。

GTC 地上两层，地下四层，地上一层设长途汽车站，地上二层是地铁，城铁车站连接候机楼的换乘交通大厅。地下四层为旅客停车库，地铁和城铁站厅层，GTC 总建筑面积 28 万平方米。

郑州新郑国际机场二期工程规划中，设立中原城市群城际枢纽站，引入高速铁路、城际铁路、城市轨道交通、高速公路等多种交通运输方式。建成后，郑州机场成为具备空陆联运条件，实现客运"零距离换乘"和货运"无缝衔接"的现代综合交通枢纽。

机场作为现代大型公共交通建筑和城市门户，体现当代最先进的生产工艺和设计理念。本方案力图打造一座全新概念的现代化大型枢纽机场，以展现河南省在新世纪中代表中原崛起的崭新形象和时代精神。

清建华元（北京）景观建筑设计研究院

Architectural&Landscape Design and Research Institute Of(Peking)Qingjian HuaYuan co.ltd

业界闻名的"不用软件的特色设计院"和下属的华元设计手绘，在海内外设计院校有着很高知名度。 华元院是中国建筑设计院建筑技艺、清华大学建筑设计研究院住区杂志的常务理事、理事，并是中国建筑学会团体单位、全国设计院入职考试指定培训机构。华元院课程让众多设计学子提升了徒手表达方案能力，帮助他们顺利考上了理想院校的硕博研究生、知名设计院，得到了众多国内用人单位与高校导师的肯定与赞赏，学员多次被央视 CCTV-4、中国日报、人民日报、新浪网、新华网、建筑技艺等知名媒体报道，作品被中国工程院崔愷院士、牛津大学 Ralph Waller 校长、荷兰首相 KOK、英国驻华公使 Martyn Poper、法国绿建大师 Vincent Callebaut、哈佛大学景观学系主任 Niall Kirkwood、梁思成奖获得者杨经文博士等国际知名人士收藏，被称赞为颇具绘图与设计风格的设计院。

设计手绘作品

故宫马克笔手绘作品 2016
望京 SOHO 马克笔手绘作品 2016
鸟巢马克笔手绘作品 2017
美国 Mill Creek 农场景观手绘作品 2015
南京大学仙林校区图书馆手绘作品 2015
Munwood Lakeside 景观手绘作品 2015
清华科技园大厦手绘作品 2014
深港西部旅检大楼手绘作品 2015
美国纽约特朗普大厦手绘作品 2017
法国 LAgarenne 建筑手绘作品 2015
莫干山酒店度假区手绘作品 2014
塞尔维亚倍科总体规划手绘作品 2013
西班牙 BBK 银行总部手绘作品 2013
南京紫金联合立方手绘作品 2013
法国乌特勒教育馆手绘作品 2014
法国蓬皮杜梅斯中心手绘作品 2015
荷兰 Anacleto Angelini UC 手绘作品 2015
荷兰汉诺威世博荷兰馆手绘作品 2013

出版图书

《设计手绘》华中科技大学出版社 2013
《高分规划快题 120 例》中国建筑工业出版社 2014
《高分建筑快题 120 例》中国建筑工业出版社 2016
《设计手绘·建筑》清华大学出版社 2018
《设计手绘·环艺》清华大学出版社 2018

免费设计公开课
回复"公开课"

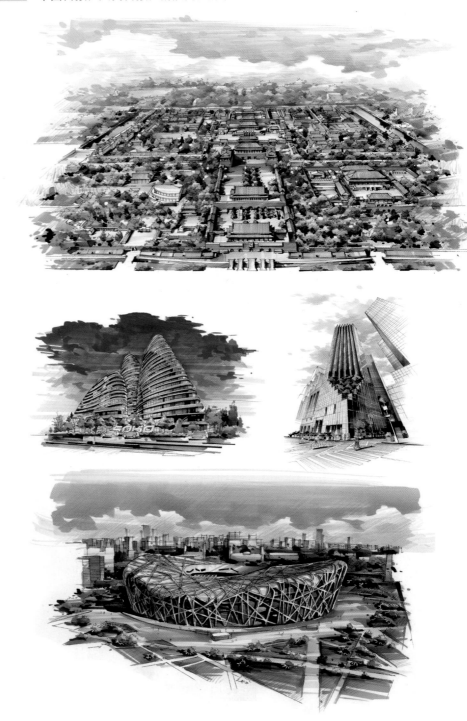

清建华元院下属的华元设计手绘拥有国家工商局部门颁发的培训业务资质，是全国为数不多的正规设计培训单位。华元院与中国建筑工业出版社、清华大学出版社、华中科技大学出版社等单位合作，为广大设计师出版了众多优秀设计类教材。院培训中心在寒暑假与各地院校合作设立全国设计师进修营地，聘请了包括中国建筑设计院、清华大学建筑设计院、中国城市规划设计研究院等单位的知名设计师担任培训中心的教学顾问。院与国内著名教育机构新东方英语合作，优先选用新东方英语基地教学，邀请新东方英语高级管理人员参与管理，以新东方优秀的教学经验作为标准，打造严谨的设计教学团队，建立了科学的设计手绘进修体系。在营地建设上，华元院与解放军理工大学、北京科技职业学院、南京三江学院、新东方英语基地等建立了良好的营地合作关系。

华元院历经十几年的教学发展，每年成功考研考博、出国设计留学的学员数量更是逐年递增。另在全国景观建筑老八校保研中，华元院学员每年超过百人，多次获得央视 CCTV-4、新华网、人民网、新浪、凤凰新闻等媒体报道。在近年更是成为海外景观建筑类留学人员的实训基地首选，在海内外高校享有盛誉。

院学员作品 2010-2017

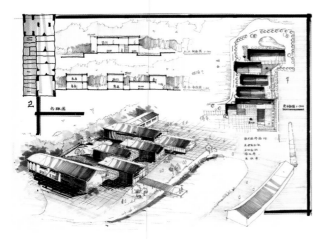

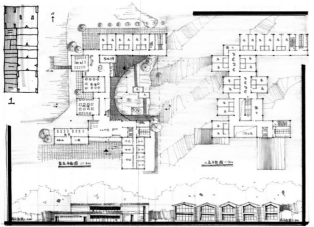

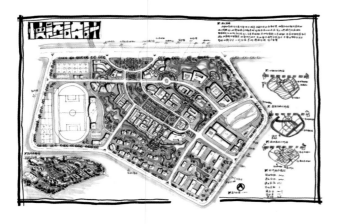

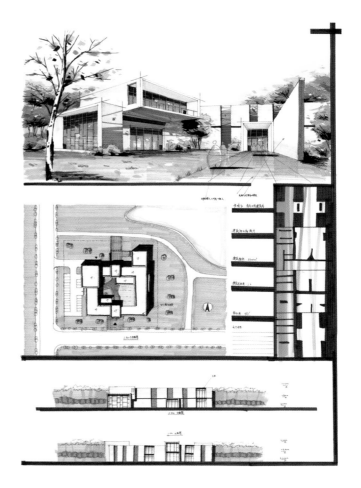

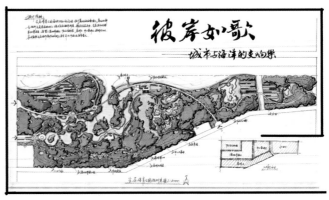

BEILIN

广东贝林建筑设计有限公司

广州汇景财智中心

"生态化、可持续发展"的设计理念，建立一种生态的建筑模式，注重建筑物节能与环保；同时强调建筑营造一体、互动的建筑内部环境，以取得与周边环境协调呼应，造就一种生态绿化的建筑模式。各个房间尽可能争取最佳朝向，获得良好的自然采光和通风条件，最大限度节约建筑的能耗。同时营造舒适宜人高效的生态办公环境。

项目定位为：智能化、生态化、个性化。在建筑竖向的不同高度设置屋顶花园与空中花园，形成了立体的空中休闲体系。不仅给客户带来舒适愉快、健康轻松的工作环境，也给使用着一种身份与地位的象征。同时，绿色象征着生命、健康与活力。同时办公楼的平面设计为金元宝状腰鼓六边形，寓意生财有到、生机勃勃。其中适中的进深与巧妙的核心筒布置，最大限度地保证了办公楼内部所有空间的自然采光。使办公区域无临窗

所 在 地：中国 广州
主要用途：办公总部
客　　户：广东省铁投置业发展有限公司
占地面积：1887 平方米
总建筑面积：37264 平方米
设计时间：2012 年 6 月至 2016 年 6 月
施工时间：2014 年 至 2016 年
概　　算：29704 万元

1. 汇景财智中心正面低点效果图。利用体块间的穿插形成空中的平台，进行绿化的种植，丰富建筑在垂直方向上的变化。

2. 此为财智中心背面的半鸟瞰图。

3. 侧面效果图。

4. 实景图：此图为从高速路望向建筑物的角度，仿佛建筑物从路边拔地而起。来往的人很容易就会被该建筑吸引到，使其作为区域性的地标而存在。

5. 建筑实景图

6. 建筑实景图

7. 内部会客室实景图

8. 内部会议室实景图本例中，汇景财智中心采用

与内部之分，充分体现阳光办公的设计理念。

　　规划中仔细推算建筑的体量大小、比例、层数，都切实可行。内部流线组织采取水平与垂直结合的方式，清晰有序。长方形的平面确立了水平流线系统骨架为主，加上规整而富有韵律感的竖向交通，形成清晰有序，动静分离的整体流线系统，满足现代化办公楼的功能使用要求。根据地理环境现状此布局不但实现了紧凑、实用、高效的原则，同时也使办公空间具备了最佳的自然采光和景观视线。办公空间的方正实用，并可根据实际实用要求进行间隔，符合现代企业对办公空间的平面要求，即平面使用的高效率和平面布置的多变性。并以节能环保的甲级写字楼为标准对大厦进行全面设计 竖向分区的高速电梯、全面监控空气质量的中央空调、完善的智能化设施、夏天隔热冬天保温性能卓越的 LOW-E 双层中空玻璃、每一个细节都能体现出设计者对现代企业运作的理解和对企业员工的关怀！

至善·至美
FOR MORE PEOPLE
FOR BETTER DESIGN

北京墨臣建筑设计事务所

鸿坤西红门体育公园
Hongkun Xihongmen Sports Park

项目地址：北京市大兴区
项目类型：文化教育
客　　户：鸿坤地产
建筑面积：19,967 平方米
设计时间：2013 年
竣工时间：2016 年
设计公司：北京墨臣建筑设计事务所
公司网站：www.mochen.com

　　鸿坤西红门体育公园项目位于北京大兴区西红门镇的中心位置，项目规划初期面临两大难题：一是项目所在区域以各类型居住社区为主，公园和体育活动资源匮乏；二是项目用地有限，如何让有限的土地发挥更大的作用，解决更多的社会问题。

　　基于此背景，建设方希望提升当地的环境品质及人文气质，打造"城市最美街区"。一个将健康体验融入绿色生态环境中，集健身、娱乐、亲子、休闲功能为一身的多功能绿色休闲活动场所——"生长着的体育公园"。

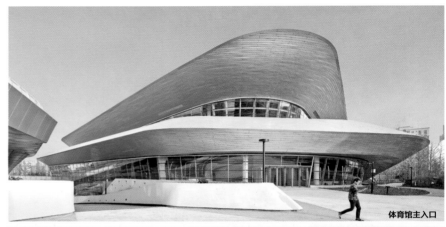

体育馆主入口

体育配套用房沿街立面

体育场馆主入口室内

儿童活动场地

体育馆外观

理念与创新

1. 折叠型土地利用 —— 土地价值最大化

"折叠" —— 将有限的平面（土地）转变为多层级的空间体系，将土地使用率成倍放大。

"折叠型土地利用" —— 合理规划有限的土地资源，提供充足的户内外活动空间和城市绿化，实现土地价值最大化。

本项目的功能空间包括体育场馆、体育配套用房、中央庭院、公园绿地和停车场等，"折叠"运用在各个空间的联系中。

2. 建筑、景观、室内设计一体化

"聚、融、升" —— 规划设计的初衷，最终导致了建筑、景观、室内设计一体化的设计理念。

3. 绿色理念

"绿色公园，绿色未来！"

——这里的绿色不仅仅代表色彩，还包含绿色的主题（健康）；绿色的理念（可持续）；绿色的功能（运动）；绿色的感悟（平和心境）。从"尊重自然，珍惜土地，造福城市"出发，旨在打造一个融入自然的、有机的绿色建筑。

设计将"绿色"融入整套设计系统，形成建筑、景观、室内"绿色设计一体化"的理念，打造城市生态绿岛，取得了中国绿色建筑三星认证。

4. 参数化设计

除了设计上的创新理念外，针对项目的复杂性，设计方法上采用了参数化设计。并且由于建设方的高度重视，本项目达到了设计-施工-运维 BIM 一体化。

绿色设计

设计将"绿色"融入整套设计系统，设计内容包括：折叠型土地利用、室外环境自然化、海绵式场地设计、被动式节能降耗、高体验室内环境等。

"建筑就像是一粒种子，被播种到土地中，阳光雨露，自然生长，孕育出丰硕果实。"设计者正是从"尊重自然，珍惜土地，造福城市"出发，打造出一个融入自然的、有机的绿色建筑。▲

体育馆室内

游泳馆室内

福建工程学院建筑与城乡规划学院

福建工程学院建筑与城乡规划学院前身为福建建筑高等专科学校城乡建设系。2002年8月组建福建工程学院后，成立建筑与规划系，2012年9月组建成立建筑与城乡规划学院。办学以来，我院为省内外建筑行业培养了共计5000余名面向基层一线的应用型人才，校友遍及全省各县市规划与建设管理部门，成为该领域的专业技术骨干。毕业生普遍受到用人单位的好评，历年就业率达98%以上。

学院现设有建筑学、城乡规划、风景园林、环境设计（室内设计、景观设计）等4个本科专业。其中"城乡规划"和"建筑学"等2门为省级综合改革试点专业，均通过国家本科教育专业认证评估。

学院现有教职工120人，其中专任教师103人（建筑学44人，城乡规划31人，风景园林11人，环境设计16人）。教师中教授10人、副教授40人，高级职称占48.5%；博士及在读22人，硕士86人，硕士以上学历占83.3%；45岁以下教师占83.3%。具有国家一级注册建筑师17人，注册城市规划师14人，注册一级建造师5人。

所 在 地： 福建福州

主要用途： 高等院校

学科类型： 工学、管理学、文学、理学、经济学、法学、艺术学

荣　　誉： 福建省重点建设高校，教育部首批"卓越工程师教育培养计划"全国高水平示范性应用技术型大学

特　　点： "建筑业的黄埔军校"、"机电工程师的摇篮"

5月11日龙岩电视台报道

1. 漂亮的院馆
2. 条件齐备的实验室1
3. 条件齐备的实验室2
4. 学生勇夺国际竞赛大奖
5. 媒体对服务乡村教师的采访
6. 学生在香港参加"城市浮洲"实体建构工作坊
7. 在乡村宫庙内的参与式设计课评图
8. 学生完全自主筹办的设计展
9. 师生在台湾东海大学参访
10. 与东海大学联合设计工作坊

学院设有一个省级研究中心"福建传统村落与历史建筑研究中心",1 个产业机构"福建工大建筑设计院旗山分院",5 个校级研究所。
1 个专业图书资料室,1 个实验中心(建筑物理实验室、模型实验室、建筑创作与图像技术实验室、装饰艺术实验室和陶瓷艺术实验室),
建筑院馆总建筑面积 11017.2 平方米,主体建筑为 6 层,设有专用设计教室、画室、计算机房、各类实验室、合班教室、多媒体教室、
多功能报告厅及办公科研用房等。

　　近年,学院在扎实本科生培养质量的基础上,积极拓展研究生教育及创新创业教育,开展国际化办学与服务地方特色产业办学之路。
与港澳台及东南亚等多所高校先后建立合作交流关系,学生互换、师资交流,举办联合设计工作坊等。在福建省 9 个地市乡村设置乡
村创客教育实践基地,产学研结合,积极投入福建省美丽乡村建设及传统村落保护与发展的服务性工作中,获得了社会各界的普遍赞誉。

中国石油天然气管道工程有限公司

中国石油天然气管道工程有限公司成立于1970年，目前已发展成为国家首批具有工程设计、勘察"双综甲"资质的大型跨国工程勘察咨询设计企业。连续多年进入中国工程设计企业60强、全国勘察设计百强企业、全国工程项目管理百强、国际咨询商ENR200强、国际工程承包商ENR225强。业务涵盖建筑工程、石油天然气储运、城镇燃气、市政等领域。

公司为中国勘察设计协会常务理事单位，建筑工程设计业务齐全，涵盖养老、医疗、展览、住宅、商业、办公、城市综合体等民用建筑以及工业建筑、室内外装修、城市设计、景观设计、特种结构设计、产业园区规划等方面。同时在绿色建筑设计咨询、BIM、装配式建筑、节能建筑、智慧建筑等新技术应用方面发展突出。

1、管道局医院鸟瞰
2、壹佰美术馆内装修
3、康复办公楼
4、东南亚天然气管道有限公司曼德勒总部鸟瞰
5、大型居住区规划

油气长输管道设计的 BIM 应用

中国石油天然气管道工程有限公司多年来在油气长输管道数字化设计及民用建筑方面，秉承"标准化、模块化、信息化"理念，致力于推广BIM技术在石油行业的应用。已在西气东输三线（中段）管道工程、哈沈管道工程、中俄东线管道工程、泰国压气站等国内外重点工程中得到成功应用，并广受社会各界关注，我公司积极推动BIM技术在多元化工程的应用，保证了项目的快速、高质量建设，在智慧管道方面初具成效。

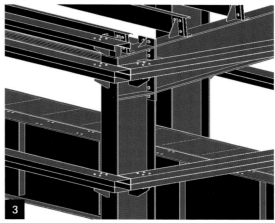

1、压缩机厂房BIM模型整合
2、泰国压气站压缩机模型
3、结构三维构件节点
4、泰国压气站工艺管线模型
5、某油气管道调控中心 VR展示
6、汕尾LNG接收站 VR展示

 合肥工业大学
建筑与艺术学院

合肥工业大学是教育部直属的全国重点大学、国家"211工程"重点建设高校和"985工程"优势学科创新平台建设高校，是教育部、工业和信息化部与安徽省共建高校。合肥工业大学建筑与艺术学院前身为合肥工业大学建筑工程系建筑学专业，创建于1958年，是全国较早设立建筑学专业的院系之一。1986年起招收建筑设计及其理论硕士研究生，建筑学于2001年列为安徽省重点学科，2010年入选国家级特色专业，同年获批建筑学硕士学位一级学科授权点。建筑学本硕士教育早在1996年即同时通过全国专业教育评估，并于2008年（全国第13所）、2015年连续两次获得本硕评估双优秀等级。2012年全国学科评估中排名第18位。

学院是中国建筑学会建筑教育评估分会常务理事单位、中国勘察设计协会传统建筑分会常务理事单位、安徽省工业设计协会依托单位、全国大学生广告艺术大赛安徽赛区组委会秘书处单位以及安徽省高校摄影协会理事长单位。

学院设有建筑学、城乡规划、风景园林、视觉传达设计、环境设计、工业设计等本科专业。拥有"建筑学""城乡规划学""风景园林学""设计学""美术学"5个一级学科硕士学位授权点，艺术硕士专业学位授权点和工业设计工程硕士学位授权点及可持续建筑工程二级学科博士学位授权点，并在地质学一级学科博士点下设地质景观与空间环境学科方向。学院建有建筑技术与城市空间环境技术、建筑环境行为与人机工程、公共造型艺术与模型设计三大科研平台，拥有或共建中英生态城市与可持续发展研究中心（与卡迪夫大学共建）、安徽省徽派建筑保护与发展工程技术研究中心、安徽省重点智库"安徽科技与产业发展研究院"、安徽省人文社科重点研究基地、省级创客实验室、城乡建设与规划研究所、文化创意与科技创新研究中心、绿色建筑设计研究所、建筑传统装饰工艺研究所等工程、文化研究中心与研究所等。

学院目前在校全日制本科生1200余人，研究生300余人；拥有一流的教学、科研环境，院馆（建筑艺术馆）建筑面积达27000余平方米，集专业教室、实验室、教授工作室、多媒体教室、艺术展厅、学术报告厅、图书馆、行政办公空间于一体，为教学科研创造了良好的条件。

学院重视地域建筑文化，强化特色教学方向，强调创新能力培养和交叉学科的融合，形成创造性思维教学体系。强化地域建筑保护与文化传承研究，建立了徽州古建筑保护特色数据库，在古村落文化变迁机制、传统村镇营建技艺、古村落保护与更新技术方法等方面取得丰硕成果；致力于可持续人居环境设计与技术研究，在城市景观与公共艺术、建筑环境行为与审美感知等方面进行多学科交叉研究，在感性工学与多变量解析、计算机辅助设计等领域取得特色成果；依托国际联合城市研究中心展开生态城市设计研究，在公共服务设施的科学配置、主体功能区规划支持

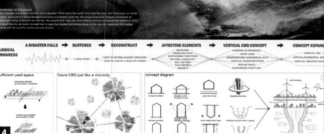

系统、城市更新策略等领域形成特色；建立了以建筑创作实践、徽州地域建筑研究、建筑技术与艺术多学科交叉为特点的完善的人才培养体系。

近60年来，学院立足安徽，辐射华东，面向全国，在人才培养、科学研究、学科建设、国际交流、设计实践等各方面都取得了长足的发展，为我国建筑与艺术等设计创意类专业培养了大量人才。获中国建筑学会建筑教育奖。毕业生中涌现了14位全国青年建筑师奖获奖者、4位全国百名优秀建筑师、10余所高校建筑学院主要负责人，众多毕业生担任国内外著名设计机构负责人和总建筑师；学生在UIA国际建筑设计竞赛、亚洲设计学年奖、红点奖等国际、国内顶级赛事中，获奖等级及数量居全国前列，有较高的社会声誉。

学院积极开展对外交流与合作，与英国卡迪夫大学联合开展双硕士培养项目，并与日本京都大学、德国斯图加特大学、美国爱荷华州立大学、加拿大瑞尔森大学、中国台湾逢甲大学、云林科技大学等国内外众多知名大学、设计与科研机构建立了长期的合作培养与学术交流机制。

1. 合肥工业大学建筑与艺术学院外景
2. 合肥工业大学建筑与艺术学院内景
3. 学院承办2016年建筑教育国际学术研讨会暨全国高等学校建筑学专业院长系主任大会
4. 学生参与作品获得国际建筑师协会（UIA）世界大学生建筑设计竞赛优秀奖
5. 合肥工业大学建筑与艺术学院展厅

故宫御花园

北京大学红楼

敦煌莫高窟第 130 窟

普陀山宝陀讲寺和普门万佛宝塔

北京建工建筑设计研究院

BEIJING JIANGONG ARCHITECTURAL DESIGN AND RESEARCH INSTITUTE

北京建工建筑设计研究院成立于 1960 年，为全民所有制企业。我院依托北京建筑大学的学术、科研以及教育资源，作为建筑学院的教学实验基地，培养了一批优秀的设计师与设计作品。目前我院拥有国家相关部门授予的工程设计建筑行业甲级、城乡规划设计甲级、文物保护工程勘察设计甲级、旅游规划设计乙级、风景园林工程设计乙级 5 个设计资质。

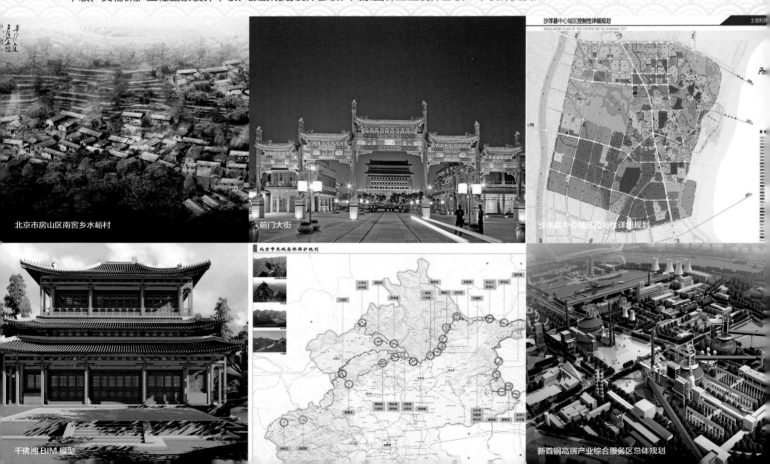

北京市房山区南窖乡水峪村

前门大街

沙洋县中心城区控制性详细规划

千佛阁 BIM 模型

新首钢高端产业综合服务区总体规划

超高层

北京建筑大学体育馆

巴彦淖尔市医院

通州校区

青岛市海绵城市建设一体化服务

中国外文大厦

建尽善 · 工尽美

站

呼和浩特城市地下空间规划

全国生态智慧养老产业园

酒店

北京环球影城地铁站

神州半岛第一湾二类住宅区 C-16、C号

东南大学

东南大学建筑学院

综 述

1 中大院南立面（摄影：王笑）
2 中大院仰视角度（摄影：王笑）
3 建筑学院标识（摄影：王笑）
4 春日中的中大院（摄影：包宇喆）
5 大礼堂前喷泉（摄影：包宇喆）

东南大学建筑学院

教 学

成果的主要创新点：

1. 以可持续融贯创新能力为人才培养目标的教育新理念。一是"融贯创新"，为学生获得基于知识融通、中外融通、知行融通的创新能力而构想，而非限于封闭的知识和技能；二是"开放拓展"，为学生适应国际前沿和未来行业发展的持续探索潜力而谋划，而非急功近利。

2. 课堂融通、讲堂开放的教学新体系。适应城镇化转型发展的新内涵，首次实现横向融通、纵向进阶的矩阵式课程体系。翻转教学形态，设置讲堂系列，形成"课堂加讲堂"开放化培养体系。

3. 学做互动、自主探索的新机制。首创集成教学法，形成具有学习共同体特征的"设计工作室"机制，并配套创建纵横互动的教研组织机制，创设多类型"课外工作坊"，探索形成以知行合一为宗旨的自主探索新机制。

4. 本土与国际、校园与社会协同育人的新平台。国际合作从局部的合作交流走向稳定的系统建制，从单向输入转向引进与输出的互动；校企合作从常规的工程实践走向以职场实践为主体，资源共享、课程共建、职责共担的协同格局。

2017 年是东南大学校庆 115 周年，也是东南大学建筑学院 90 华诞之年，秋水长天，其景融融。

东南大学建筑学院前身为原国立中央大学建筑系，创立于 1927 年，是中国现代建筑学学科的发源地。1949 年更名为南京大学建筑系，1952 年全国高校院系调整后成为南京工学院建筑系，1988 年随学校复更名为东南大学建筑系，2003 年组建为东南大学建筑学院。学院下设三个系和四个研究所，即建筑系、城乡规划系、风景园林系、建筑历史与理论研究所、建筑科学与技术研究所、美术与设计研究所、建筑运算与应用研究所。著名建筑学家杨廷宝教授、童寯教授和刘敦桢教授曾长期在此任教和主持工作。90 年来，建筑学院已为国家培养三千余名建筑类高级人才，其中院士 11 名，全国工程勘察设计大师十余名。建筑学院是全国高等院校建筑学学科专业指导委员会历届主任挂靠单位。

如今，学院师资融合了国际国内一流且多元的教育背景，进入本学院学习的学生绝大部分也都是中国高考中的顶尖才俊。一流的师资和一流的生源共聚一堂，共同探索人居环境的真谛，构成了活力充沛的学习共同体和研究共同体。

建筑学、城乡规划和风景园林都是在不同的尺度和类型上通过科学研究与创意设计而抵达诗意栖居的学问。其涉及包括社会、经济、科技、文化等广泛的知识领域，又在空间和时间两个维度上存在着复杂的关联与变化。我们始终保持对物质空间环境本体的核心坚守，同时也以质疑和批判的姿态不断反思既有的经验，并拓展对关联领域的探索。

学院与欧洲、北美、亚洲的 30 余个国际一流建筑院校保持合作教学和学术交流的常态关系。每年有 20 余位国际知名教授在本院为学生讲授计划中课程，有一百多位海外学生在本学院学习。学院鼓励开放办学的理念，有国内外 50 余个规划设计建设企业为本学院提供学生实习并保持合作共建的密切联系。

人的尊严和自然的尊严是物质空间环境创造的根本基石。当今时代，全球一体和中国本土的社会经济文化改革进程使建筑学、城乡规划和风景园林学科的发展正遭遇崭新的挑战和机遇。我们所追求的学术境界正如其校训"止于至善"，东南大学建筑学院正在为"东南学派"不断注入新的学术内涵，并致力于提供具有中国特色的国际建筑教育的成功案例。

东南大学首开中国建筑教育之先河，又创继承发展之路径，植桂培兰不仰千种绿，栽桃育李尤钦万顷材。东南大学建筑学院 90 年栉风沐雨，90 年踏歌前行，始终追求"止于至善"之境界，也获得春华秋实之硕果，为中国和国际建筑界输送了一代又一代东南学子和栋梁之材。

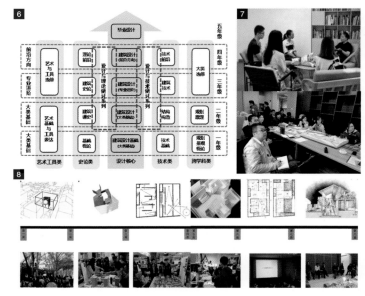

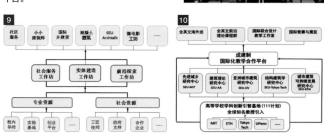

6 重构教学体系。宽基础：共建学科基础课程群，占比达 20%；强主干：以设计为核心，强化"技术、历史、设计"主干课程整合；拓前沿：拓展高年级的多方向学科前沿课程，占比达 22%。
7 翻转教学形态。专业主干课采用研讨型教学模式。
8 通贯培养机制一。以学做互动为宗旨，以集成教学法为特色的"设计工作室"机制。
9 通贯培养机制二。以知行合一为宗旨，以自主探索为特色的"课外工作坊"机制。
10 整合协同平台一。面向世界一流建筑教育的成建制国际化教学合作平台。
11 整合协同平台二。全渗透的校企联合育人协同平台。

东南大学建筑学院

科 研

十三五国家重点研发计划《绿色建筑与建筑工业化》

经济发达地区传承中华建筑文脉的绿色建筑体系

项目负责人：王建国

十三五国家重点研发计划《绿色建筑与建筑工业化》
所属项目：目标和效果导向的绿色建筑设计新方法及工具

南方地区高大空间公共建筑绿色设计新方法与技术协同优化

课题负责人：张彤

十三五国家重点研发计划《绿色建筑与建筑工业化》
所属项目：地域气候适应型绿色公共建筑设计新方法与示范

具有气候适应机制的绿色公共建筑设计新方法

课题负责人：韩冬青

项目名称：	金陵大报恩寺遗址博物馆
所 在 地：	江苏南京
主要用途：	博物馆
建 筑 师：	韩冬青 陈薇 王建国 马晓东 孟媛
工程规模：	60800 m²
设计及施工时间：	2011 年至 2015 年
建设单位：	南京大明文化实业有限责任公司

项目名称：	中国国学中心
所 在 地：	北京
主要用途：	综合性公益文化设施
建 筑 师：	齐康、王建国、张彤、陈薇、袁玮、朱雷、雒建利、石峻、李宝童、严希、沈旸、蒋楠、习超
工程规模：	81362 m²
设计与施工时间：	2010 年 11 月至 2016 年 8 月
建设单位：	国务院参事室

12《经济发达地区传承中华文脉的绿色建筑体系》课题整体框架结构
13《南方地区高大空间公共建筑绿色设计新方法与技术协同优化》研究机制与技术路线
14《具有气候适应机制的绿色公共建筑设计新方法》技术路线图
15 金陵大报恩寺遗址博物馆鸟瞰（祥云工作室）
16 报恩新塔彩色塑形玻璃幕墙
17 北画廊遗址
18 中国国学中心东南视景
19 中国国学中心主楼角部视角
20 中国国学中心正南向夜景

在绿色理念与方法传承方面：全面梳理经济发达地区传统建筑绿色设计体系的内涵、类型、技术特点、区系策略，研究传统可持续建造理念的要义。建立经济发达地区传承建筑文脉的现代绿色建筑设计新方法。

在营建模式与评价指标方面：探索传承文脉的营建体系和优化策略，形成适合当代的具有中国特色的绿色建筑营建技术方法。提出适用于经济发达地区、富含建筑文脉要素的绿色建筑评价指标体系，为传承建筑文脉和推动绿色发展提供依据。

在技术推广与工程示范方面：编制设计导则和标准图集，开发经济发达地区传统建筑绿色营建数据库。完成富含建筑文脉要素的绿色建筑示范工程，做好涵盖咨询、设计、施工、检测等全过程的技术推广工作。

本课题针对高大空间公共建筑的空间形态特征、功能运行机制、气流组织模式、能源供给与能耗特点，以及我国南方地区高温高湿与局部夏热冬冷的气候特征，从建筑空间形态与环境性能之间相互影响的内在机制出发，研究南方地区高大空间公共建筑绿色设计的"空间调节"理论，以及实现环境温湿度调控、控制污染物浓度、减少能耗与碳排放的关键技术；研究建筑形态生成与环境性能数值模拟分析之间交互驱动的设计流程和技术方法体系；通过示范工程，建立具有针对性的评价方法，形成指导南方地区高大空间公共建筑绿色设计的技术导则。

本课题针对我国公共建筑设计中对地域气候条件的响应不足，过于依赖主动式设备，建筑整体空间形态的绿色设计潜力挖掘不足，相关专业之间缺乏协作，系统集成化程度较低等问题，以我国公共建筑为主要研究对象，以气候适应性优先为导向，突出人的行为及其环境感知的前提性影响，开展绿色公共建筑设计方法研究，开发影响建筑性能模拟的关键参数筛选及提炼工具，研究性能模拟与建筑空间形态生成工具的数据链接和循环干预技术，实现创建以地域气候适应为导向，空间形态调节为核心，以动态集成和过程互动为特征的绿色建筑设计新方法。

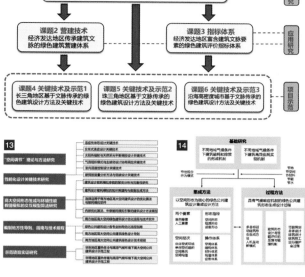

东南大学建筑学院

实 践

金陵大报恩寺遗址博物馆的设计理念基于两个关键问题：其一，如何在严格的遗址保护要求下，使遗址本体的信息得到最恰当的呈现，并与现代博物馆的多元功能相得益彰？其二，如何在形式风貌上恰当地建立历史与当下的关联？建筑创作通过置于城市格局中的遗址连缀、地层信息的叠合判断、围绕遗址展陈的空间经营和基于技术创新的意象再现等策略，实现了在地脉和时态的关联中传承和创新的初衷。新塔的创意体现于四个方面：在历史和当代之间跨越；在真实和意境之间穿梭；在需求和创新之间平衡；在建筑与城市之间互动。

中国国学中心位居奥林匹克公园文化综合区轴向性公共空间的正中南端。它是整个区域"中"字形公共空间系统的重要组成和关键环节。总图格局采用中国传统建筑最为壮丽的"门"形宫阙形制，以 Π 形裙楼环抱主体建筑，以东西两阙衬托中央耸立之势。与宫阙不同的是，这一空间格局在体现国家宏阔壮美之文化形象的同时，形成的是一系列亲民的外部空间场所，与文化综合区的公共空间系统衔接融合。

建筑造型以中国古典建筑最具特征的经典线形，即由斗栱承托从屋檐到柱身的静力学传力曲线为形式母题。在竖向的韵律中，自下而上呈现出由实到虚、由简而繁的渐次变化。中国国学中心的设计，展现了设计团队对中国传统学术和知识体系及其社会责任的理解。空间格局中正淳和，俯仰天地；建筑形态宏硕壮美，端方大仪。既传承了中国传统营造之智慧，又融合了中国文化的多种意象，体现了在当今时代中对中华传统文化的历史性审视。

九城都市 九城都市建筑设计有限公司

九城都市建筑设计有限公司成立于 2002 年 1 月，设上海与苏州两个分部，拥有住房和城乡建设部颁发的建筑工程甲级设计资质，业务范围包括城市设计、建筑设计、景观设计及室内设计。

公司目前有博士 2 位，博士后 1 位，一级注册建筑师、一级注册结构工程师及注册设备工程师 15 位。公司成立以来已完成多项有一定影响力的建筑工程，分别获得全国优秀勘察设计一等奖、中国建筑学会建筑创作奖、世界华人建筑师协会设计金奖和银奖、上海国际青年建筑师建筑展一等奖、威海国际建筑展一等奖、江苏省优秀建筑设计一等奖、苏州市优秀建筑设计一等奖等，并有多项作品分别入选《2004 年中国建筑艺术年鉴》、《2006 年中国建筑艺术年鉴》、《建筑学报五十年精选（1954 ～ 2003）》、《北京宪章在中国——2003 ～ 2005 中国建筑师作品集》、《建筑 2010——中国新建筑》、《创作者自画像——中国青年建筑师当代中国新作品》、《中国青年建筑师 188 人》、《建筑趋势 2014》、《商业建筑风向标》、《总部科技园 III》等。

公司在不断实践的同时，还积极从事建筑理论的研究与探索。先后出版专著与译著 8 本，并在《建筑学报》、《世界建筑》、《时代建筑》、《新建筑》、《世界建筑导报》、《装饰》、《室内》、《华中建筑》、《中外建筑》、《城市建筑》等建筑核心期刊上发表学术论文 60 多篇。

公司的主创建筑师在工程实践的同时还积极参与同济大学、东南大学、浙江大学、华中科技大学、苏州科技学院等多个建筑院校的教学与交流活动。

生产、科研与教学相辅相成，不仅可以保持公司旺盛的创作活力，又能在理论研究与教学参与中对创作实践进行检验、总结与提高。这既是我们的工作方式，也是我们的生活方式，还将是我们今后继续努力的方向。

沪宁高速公路苏州新区互通收费大棚——西北离开方向处局部

九城都市建筑设计有限公司——苏州办公室

昆山花桥集善幼儿园——西环路立面

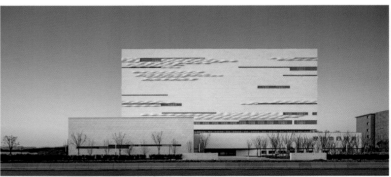

昆山市档案馆——南立面

苏州高新区星韵幼儿园——西立面全景

苏州江日路公交首末站——东立面

苏州汽车西站综合客运枢纽——从东北方向看建筑

苏州市公共交通管理中心——从湄长港南岸看建筑

苏州湾实验小学——透过东立面看楼梯背后的舞蹈教室

苏州相城基督教堂——带灯光的东立面

张家港凤凰科文中心、小学及幼儿园——东立面

深圳市天朗建筑与规划设计有限公司

　　是一家具有国际化视野的建筑设计机构，其核心优势来自于多元化的经验丰富的建筑师团队。天朗建筑秉承"追求卓越、提升价值、精细化设计"的宗旨，并以专业、精进的服务精神和创造性的设计理念为客户提供高质量的设计与咨询服务。公司的业务范围广泛，包括居住建筑、公共建筑、办公建筑、酒店建筑、产业园及商业综合体的设计。

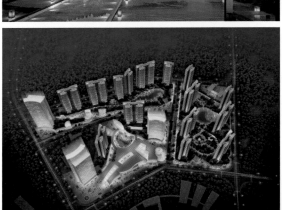

公司项目展示

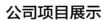

T-LAND
Architecture And Planning Design
天 朗 建 筑

所 在 地：深圳市盐田港
主要用途：新型仓储产业园
客　　户：综合信兴盐保物流（深圳）有限公司
设计单位：深圳市天朗建筑与规划设计有限公司
占地面积：23847.51 平方米
总建筑面积：71088.39 平方米
设计时间：2012 年
施工时间：2013 年

设计理念

设计创造出新颖的仓储产业园模式：景观庭院式产业园。塑造产业园气质，营造出一种宽敞、舒适的内部环境，使建筑、人与自然及周边环境的关系更加紧密融合。

1. 堆叠与穿插 堆叠、穿插的意义在于丰富城市的天际线，这种策略解决了企业对形象的特殊要求与最大化利用景观的需求，也为整个环境增添空间的趣味性 .

2. 网格立面 综合考虑普通窗构件，使之单元化，结合内部功能需求，利用微妙变化形成有韵律的形式，一种简洁且具有标识性的立面效果。

3. 立体公共空间 适应社会新的生活生产方式，引导促进交流，鼓励沟通，打造多重立体公共空间。从新兴企业自身对公共空间的要求出发，重新组织一个公共空间系统，在建筑上设计中央庭院广场，屋顶花园和空中庭院，形成立体公共空间，这个系统是适应新的生产方式、未来产业更注重沟通交流的时代特征。

UAD

浙江大学建筑设计研究院有限公司

浙江大学建筑设计研究院始建于 1953 年，至今已有六十余年的历史，是国家重点高校中最早成立的六个甲级设计院之一。

全院现有员工 730 余名，其中中国工程设计大师 1 名，享受国务院政府特殊津贴专家 1 人，中国当代百名建筑师 2 名，浙江省工程勘察设计大师 4 名，中国杰出工程师 4 名，中国建筑学会青年建筑师奖获得者 8 名。设计院多年来始终坚持走创作路线和精品路线，在各个领域均有大量的优秀作品问世，历年来获得近 600 项国家级、部级、省级优秀设计奖、优质工程奖及科技成果奖。

建院以来先后获得当代中国建筑设计百家名院、中国勘察设计行业创新型优秀企业、杭州市十佳勘察设计企业、杭州市首批十大产业企业技术创新团队等称号；是第一批国家级工程实践教育中心建设单位；浙江省 EPC 试点企业，拥有三个院士工作站，取得了较好的社会声誉，得到社会各界和建设单位的认可与好评。

公司官网 : http://www.zuadr.com

微信二维码

浙江大学海宁国际校区

沭阳美术馆

杭州雅谷泉山庄酒店

淮安大剧院
2017 年全国优秀工程勘察设计行业奖一等奖
2017 年教育部优秀建筑工程设计一等奖

临安市体育文化会展中心
2016 中国建筑学会建筑创作奖银奖、
2016 年度浙江省建设工程钱江杯奖（优秀勘察设计）一等奖

中国电子科技集团公司第三十八研究所科技展示馆
2017 年全国优秀工程勘察设计行业奖二等奖
2017 年教育部优秀建筑工程设计一等奖

杭州师范大学仓前校区中心区
2017 年全国优秀工程勘察设计行业奖二等奖
2017 年度浙江省建设工程钱江杯奖（优秀勘察设计）一等奖

杭州云栖小镇国际会展中心
2017 年全国优秀工程勘察设计行业奖二等奖
2017 年度浙江省建设工程钱江杯奖（优秀勘察设计）一等奖

中国建筑西南设计研究院有限公司

中国建筑西南设计研究院有限公司（简称中建西南院）始建于1950年，是中国同行业中成立时间最早、专业最全、规模最大的国有甲级建筑设计院之一，隶属世界500强企业——中国建筑工程总公司。建院60多年来，我院设计完成了近万项工程设计任务，项目遍及我国各省、市、自治区及全球10多个国家和地区，在工程设计和科研方面获国家级、部级和省级以上优秀奖800余项，并取得了国家优秀设计金质奖5项、银质奖4项、铜质奖5项的创优佳绩。先后荣获"中央企业先进集体""全国工程质量管理优秀企业""中国十大建筑设计公司""中国最具品牌价值设计机构"等荣誉称号。

中建西南院代表设计作品：成都天府国际机场、重庆江北国际机场、青岛胶东国际机场、成都双流国际机场T1、T2航站楼、成都东客站、中国西部国际博览城、西藏博物馆、锦江宾馆、锦江大礼堂、四川天府新区省级文化中心、重庆袁家岗体育中心、江苏常州体育会展中心、湖南长沙市全民体育健身中心、河南郑州市奥林匹克体育中心、四川大学华西医院、四川省人民医院、青海省妇女儿童医院、贵州茅台医院、成都远洋太古里、成都东区音乐公园、重庆英利大厦、瓦努阿图国际会议中心等。

1. 青岛胶东国际机场

2. 重庆袁家岗体育中心体育场及游泳跳水馆

3. 中国西部博览城

4. 中国欧洲中心 1

5. 中国欧洲中心 2

6. 西部金融中心

7. 成都太古里（中建西南院）

深圳市华汇设计有限公司

PC技术在深圳前海企业公馆项目中的应用

The application of PC technology in Qianhai business mansion of SZ

业主： 万科企业股份有限公司
建设地点： 深圳前海
规划及建筑设计： 深圳市华汇设计有限公司
施工图设计： 深圳市建筑设计研究总院有限公司
景观设计： 朱育帆工作室（北京一语一成景观规划设计有限公司）
PC研发： 万科集团建研中心
PC设计顾问： 筑博设计股份有限公司
总建筑面积： 7.25万平方米
设计时间： 2013年6月
竣工时间： 2014年12月
作者： 肖诚，许丰

1 项目概况

项目立意

前海精神载体与践行者 / 前海梦想小镇

设计概念

"公共利益最大化"的理念：

"公共利益最大化"体现了业主的情怀，强调的是城市作为人与资本结合的效率的体现。在整个规划期间，我们对很多国外的小镇、国内典型的城市，尤其是对其中的开放空间、道路节点、标志物、区域做了充分的研究。整个园区以纵横两条绿轴构成几何主轴，叠加三条南北贯穿的斜线，构建出小镇丰富而别致、自由而灵动的城市肌理。顺应总体规划中强调公共利益最大化的原则，在整体适宜步行的街区尺度里，合理地安排公共建筑、公共广场、园林景观和休闲运动设施，以达到便捷、舒适和富有趣味的空间体验。

独具特色的小镇肌理：

作为前海未来的缩影和展示窗口，规划设计以兼具逻辑性和丰富的肌理力求形成前海片面新的城市文脉。为了营造开放包容的办公氛围，园区的步行系统分为"主街""次街""巷"三个等级，主街的尽头设置园区行人出入口，经由主街行人可到达次街，并通往各栋建筑入口，"巷"既是交通空间，也是休闲交往的场所。

开发背景

前海企业公馆位于深圳市前海深港现代服务业合作区，是首个前海企业实体办公区。该项目采用BOT模式开发，属于临时建设用地，代建方对于该地块仅有5～8年的经营和使用权。

整个项目总占地面积9万平方米，总建筑面积约为7万平方米。项目分为特区馆及企业公馆部分，分二期开发，根据项目开发计划，面积约为1.2万平方米的一期展示区需在2013年12月7日前建成开放，从设计到建成只有不到5个月的时间；二期部分则要求在2014年年底完成，设计到施工的周期仅1年，这无论对于设计、施工，都是一个巨大的挑战。

面对施工周期短的挑战，设计之初在建筑材料的选择以及施工方式的便利性上都应该有所考虑。在建筑材料上，应尽量使用可回收的绿色环保材料，减少因临时建造所带来的浪费，同时实现绿色建造的目标；在施工方式上，尽量使用工厂预制的装配式方式，避免现场的作业，缩短施工周期。

而PC的特性正好适应这样的要求，我们在对自然采光要求较低的建筑巷道（交通及后勤等功能区）以及太阳光照强度较强的西面设置PC墙体，在其他方向则主要以玻璃幕墙为主，很好地去适应办公写字楼的功能需求。

2 PC在项目中的应用

PC的概念

英语：Precast Concrete，故又称PC构件，是指在工厂中通过标准化、机械化方式加工生产的混凝土制品。与之相对应的传统现浇混凝土需要工地现场制模、现场浇注和现场养护。PC的表现并不局限于我们想象的冰冷的混凝土，它结合着色、模具的特殊设计以及在混凝土当中添加不同的材料，可以获得非常丰富的表现效果。万科集团建研基地拥有完整的预制混凝土的研发和生产体系，对于PC如何在项目中的运用给出了详细的介绍，为PC的方案设计做出了坚实的基础。我们利用PC的材料特性和表现形式，结合建筑设计，让项目获得了高品质的同时也能适应项目的整体节奏。

为了让这个项目在极短的工期要求内完成，万科委托了PC设计顾问筑博设计股份有限公司参与了这个项目的PC设计。

PC外墙的设计要从建筑、结构、生产和施工等几个方面统筹考虑，因此，接受这个项目任务后，在万科的协调下，方案设计单位、施工图设计单位、PC设计顾问、构件厂、幕墙公司、总包等开始了密集的讨论，在不到一个月的时间就完成了一期标准型的PC图纸。以下分别从建筑、结构、生产和施工三个方面介绍PC的设计情况。

一、建筑方面

本项目的一期的建筑单体共四栋，均为二层或三层，从下往上的层高分别为5、4.5、4.5米，每栋建筑均有部分外墙面采用了PC外墙与玻璃幕墙的组合。因此，可以把PC外墙当作是幕墙的一种形式，PC外墙虽然是混凝土构件，除了要满足美观和维护功能外，还应该考虑结构

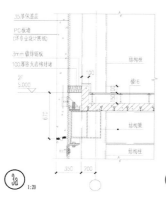

构件水平缝构造

构件竖缝构造（一）

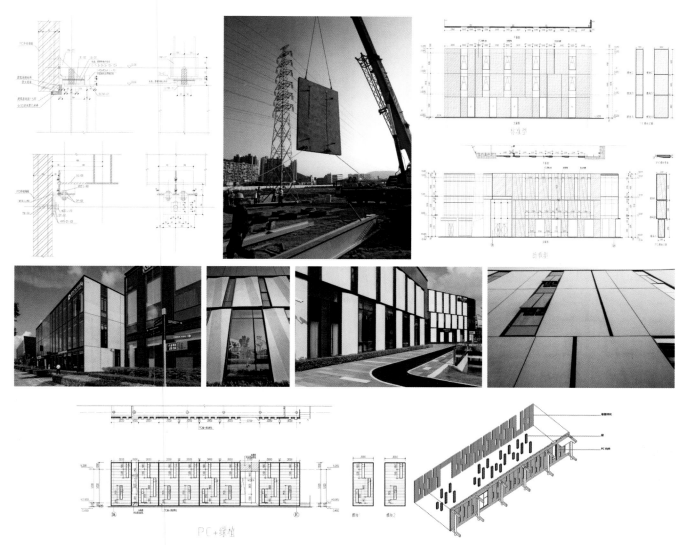

连接、保温隔热、防水等方面的要求。在确定了 PC 外墙与主体结构的连接方式后，就根据建筑外面的要求，充分考虑 PC 生产的特点，一期时就确定了将 PC 外墙归并为 1500、3000 两种宽度的组合（局部少量采用了宽 2225），结合女儿墙的高度，PC 外墙的高度也进行了适当归并。

通过这样处理，使得大部分 PC 外墙构件都能共模生产，有效地控制了成本。二期时的构件外立面虽然有些变化，但也是按照上述原则来设计的。

PC 外墙的清水表面效果、PC 外墙之间（包括水平、竖向）的构造、PC 外墙和幕墙之间的构造、PC 外墙和屋面结构防水构造、PC 外墙的保温构造等都对建筑至关重要。以下是典型的相关构造节点。

二、结构方面

本项目的一期均为钢框架结构，PC 外墙只能作为非承重的外围护结构，不能参与结构受力。自身刚度、自身重很大的 PC 外墙，与钢结构框架如何连接就是首先要考虑的问题。将 PC 外墙作为钢结构的外挂构件是很简单的处理方法，根据 PC 外墙的安装流程，将 PC 外墙的下连接点作为承受竖向自重、上连接点承受水平荷载（地震、风荷载）。

根据钢框架的在风荷载及地震荷载下的变形幅度，同时考虑 PC 外墙构件的尺寸误差和安装误差，PC 外墙之间都预留了 25 毫米的缝隙。缝隙处的防水处理采用双面打胶，其中水平缝还设置的外低内高的构造防水企口。

缝隙间设置了导水槽，在缝底还设置了排水管，确保即使外墙外侧密封胶受损，水也能及时排走而不至于渗入室内。

三、生产和施工

根据建筑要求，PC 外墙均采用清水混凝土，因此对混凝土的原材料、振捣和养护、成品保护都提出了严格的要求。

构件厂做了几种配合比试验，最终经过建筑师确认所需的外表效果和颜色，才开始批量生产。构件厂和总包编制了详细的构件生产、养护、运输、吊装流程，构件厂和总包编制了详细的构件生产、养护、运输、吊装流程，PC 设计师根据流程分工况考虑构件受力情况，对构件的配筋进行了复核及调整。为确保实际施工能顺利进行，现场还将试生产的构件进行了试吊装，对相关施工人员进行了实操培训。

3 PC 的表现（标准型、折板型、绿植 +PC 型、其他）

在这个项目当中，我们主要运用了标准型、折板型以及与绿植结合的方式来表现整个项目现代的都市商务气息。适应工业化生产，PC 的设计关键还是标准化与模数化的设计，这样可以减少工厂模具的投入，降低成本，提高生产效率。

3.1.1 标准型

标准型的 PC 采用混凝土本色，采用标准 PC 墙体构件厚度，表面未做任何的表面肌理变化，通过 1500 宽与 3000 宽的两种模块与窗户进行交错设计，在适当的位置设置钢槽，建筑立面富于整体性的同时，又体现一定的工业化建造的精致感。一期的从设计到建造只有五个月的时间，PC 模块化的设计很好地适应了短期快速建设的需求。

3.1.2 折板型

主要应用在二期的建筑，结合一期的经验与教训，在这一轮中，我们简化了 PC 的模块数量，折板型的 PC 亦采用混凝土本色，通过一层 1500 的模块、二三层 2250 的模块，与窗户进行交错设计，与标准型不同的地方在于 PC 模块在水平界面上进行了不同厚度的变化，建筑立面在阳光下产生细微深浅变化，生动而不张扬。

3.1.3 PC+ 绿植型

这栋建筑为园区的节点建筑，因此建筑的外墙设计具备一定的实验性。整个建筑为一个方形的绿色盒子漂浮在建筑地坪之上。立面上看四随意开设的洞口，实则由两块同样规格的模块组合而成。

辽宁省建筑设计研究院有限责任公司
LIAONING ARCHITECTURAL DESIGN INSTITUTE CO,LTD

项目名称： 阜新万人坑遗址陈列展示馆
设计单位： 辽宁省建筑设计研究院有限责任公司
建筑规模： 1252.34 平方米
建成日期： 2015.8.15
建造地点： 阜新市

辽宁，阜新

阜新万人坑遗址陈列展示馆

时代背景

阜新万人坑遗址形成于 1940 ~ 1945 年间，在这段特殊的历史时期，日本帝国主义为掠夺阜新地区丰富的煤炭资源，残酷奴役中国劳工，致七万多劳工死亡，在阜新市遗留 4 处大规模的万人坑。

1945 年日本战败撤退前夕，由于很多反映这时期社会状况的历史档案被毁，导致后人对此段历史的研究较为困难，因此，对阜新万人坑遗址的保护和研究，对揭开日本帝国主义侵略辽宁时期的历史真相，具有重要的历史价值。2006 年阜新万人坑遗址被国务院列入第六批全国重点文物保护单位，并被列为全国爱国主义教育示范基地。

2014 年 12 月 13 日，国家迎来新中国成立以来第一个南京大屠杀死难者国家公祭日，"牢记历史、勿忘国耻、凝聚力量、奋力拼搏"成为对待那段屈辱历史的主题。2015 年恰逢中国抗日战争胜利 70 周年，阜新万人坑遗址陈列展示馆的设计又一次成为国人对那段屈辱历史的有力诠释。

场地现状

阜新万人坑遗址位于辽宁省阜新市孙家湾南山顶部，距阜新市区东南约 7.5 公里，北部紧邻海州露天煤矿遗址，场地地势南高北低。在园区入口、大台阶、群葬大坑馆舍、万人纪念广场和纪念碑之间形成一条完整的纪念轴线，大台阶两侧各有一片 50 余年的松树林。

大台阶、群葬大坑馆舍、万人纪念广场和纪念碑均建成于 1966 年，具有特定历史时期的特殊风貌。由于保护初期在认识上的局限性，场馆在设计上并没有考虑展示问题，以致馆舍年久失修，房屋门窗损坏严重，墙皮脱落，屋顶漏水严重，且不具备消防、防盗报警等基本配套设施。万人纪念广场地面裂纹严重，大台阶局部损毁，遗址纪念碑碑体多处开裂，碑文缺损。场地内一处区域竟出现堆放生活垃圾与工业垃圾的情况。由于南部分布大量煤矸石山，植被较差，更兼水土流失严重。

设计理念

通过对现场情况的分析，设计团队总结出 3 个设计难点：建筑与原有建筑和纪念碑形成的中轴线如何协调？建筑场地内地势起伏较大，如何协调建筑与山体的关系，使其既不显突兀，又能结合自然？如何保护遗址入口区域中轴线大台阶两侧现有 50 多年的松林，使纪念气氛得以保持和延续？

经过深思熟虑，设计团队选择在平静中传递出不平静的声音和力量，在看似平静的建筑语汇中体现对遗骸的尊重与对历史的反思，在平静中用建筑语言层层递进，将历史层层展开，在平静中给观众以更大的空间去感受并纪念、在观众心中构筑"平静的力量"。在一类文物用地内，七万无辜死难同胞的遗骸安眠于此，纪念馆的使命是阐释人们面对这段历史的态度，引人深思如何铭记历史、面向未来。

为了阐释"平静的力量"的设计主题，设计团队进行了多轮概念与方案的深化设计。不管是从方案选址到建筑规模，还是从建筑形式到材料选择，设计团队都进行了仔细的斟酌和精心的设计。经过向国家文物局等相关部门汇报，最终将纪念馆的建造地点选定在场地东北部，即中轴线东侧。

团队充分考虑项目所在地的历史文脉，本着对逝者、对现有环境的尊重，纪念馆的设计不管从建筑形式的呈现还是整体氛围的营造上，都采取了"化整为零""化显为隐"的手法，让建筑充分融入环境。团队用"平静"的方式酝酿渲染，最终迸发出一种无声的力量：低沉却浑厚、内敛却强大。

在入口处的石材墙面上用锈钢板镌刻出代表死难同胞数量的醒目的"70000"字样，内收的墙体形成纪念馆的强大吸力。建筑融入山体，山即是馆、馆即是山，使偏离中轴线的纪念馆与12米高差分六级退台的"梯田状"挡土墙浑然一体，中轴线重新回归对称、均衡的状态，强化了仪式感。

建筑流线清晰明了，由下至上层层参观，建筑气氛由低沉压抑逐见转向希望光明，最后在预示着希望的明亮尾厅中结束，铭记历史、发奋图强的象征意义不言而喻。整合后的场地不仅保留了大部分原有松树，更可补植青松翠柏，进一步烘托纪念馆和整个遗址以史为鉴、勿忘国耻的历史主题。

团队希望以这样的建筑语言诠释历史，展现面对惨痛历史的国人在平静理性的背后更为强大的力量。愿惨痛的历史永远被铭记，愿民族的灾难不再上演，愿死难的同胞永远安息，愿华夏之后辈发奋图强。

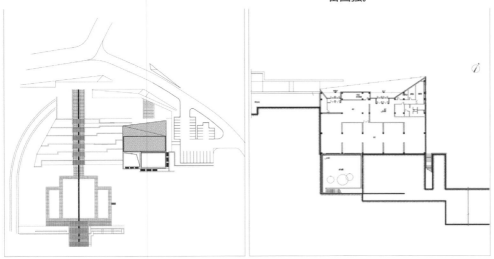

思凯来文旅创新集团

www.skyline-china.com

北京丽泽金融区
新青海喜来登酒店（建成）

鲁能文昌山海天度假世界规划设计（在建）

鲁能海口美高梅钓鱼台精品酒店（在建）

海南三亚湾度假酒店（建成）

三亚海棠湾洲际金普顿精品度假酒店（在建）

万达都江堰度假酒店群（在建）

华夏幸福怀来
CLUBMED度假村（在建）

红树林度假世界广州海珠湿地项目

诚邀策划、城市规划、建筑设计精英加盟　　北京市朝阳区工体北路甲6号中宇大厦　+86 10 8835 8031

度假世界舟山群岛项目

河西区华侨城欢乐海岸（在建）

安吉凤凰阁小镇规划设计

国际领先的优秀董事团队

来自世界知名机构的度假休闲、
文化旅游的目的地的创意、
开发核心领导团队；
国内文化旅游行业优秀人才及专家；
"国际视野，中国创新"的公司核心
价值观

中国文旅休闲目的地的
领先创新机构

深耕中国文旅行业七年，与
华侨城、万达集团、鲁能集团、
华夏幸福、宋城集团、中信、中冶、
今典集团等著名企业及
政府合作文旅领先项目，
践行行业前沿

打造文化旅游目的地的
核心产品力

"董事亲领，中西合璧"
"深度研究，高度呈现"
的创新工作模式，
提供策划、规划、建筑设计、
投资服务等文化旅游目的地
开发产品一体化服务

中旭建筑设计有限责任公司

ZPAD 中旭设计

中旭建筑设计有限责任公司是中国建设科技集团（原：中国建筑设计研究院集团）的全资子公司，成立于1994年，具有建筑行业设计甲级和规划乙级资质证书。

公司是专业配置齐全，以专业所编制为主的大中型设计团队，承接各类工程的规划设计、建筑设计、园林设计、室内设计及工程咨询、技术服务等业务。公司本着差异化设计的理念，与集团专业设计模式形成优势互补，是集团的重要组成部分。

我公司通过了ISO9001质量管理体系认证，建筑设计综合实力跻身全国100强，并荣获中国勘察设计协会颁发的诚信单位称号。

项目名称： 海南大厦
所在地： 海南省海口市大英山路
主要用途： 商业办公用房
开发公司： 海口新城区建设开发有限公司
规划建设用地面积： 26033.90平方米
总建筑面积： 238998.25平方米
地上面积： 156398.25平方米
地下面积： 82600平方米
设计时间： 2009年7月至2011年8月
施工时间： 2012年4月至2016年12月
主要设计人员： 韩玉斌 毛英辉 孙净 王丽君

海南大厦位于海南省国兴大道北侧，为商业办公用房。主楼45层，建筑高度为198.75米，副楼17层，建筑高度为77.10米，裙房4层，建筑高度为21.68米。工程为一类超高层建筑。

本项目地下用房为汽车停车库、设备机房及战时人防工程（平战结合，平时作为汽车停车库使用）。地上部分1~4层裙房为高端商业部分，裙房屋顶设置了屋顶花园。

此区域内从西至东分别为规划中的海南大厦、新海航大厦及海南省政府大楼，考虑到与新海航大厦及海南省政府大楼的关系，将主楼布置在基地西侧，副楼布置在基地东侧，以减少对新海航大厦的压迫感，从西至东天际线高低相接，从而在城市空间上形成丰富的天际线关系。双塔造型通过四层裙房连贯成一体，形成L形体量。

建筑整体造型连贯，体型简洁明快，典雅大方，并极具动感，宛如一条从天而降的巨龙。

建筑东、西立面的设计中，充分考虑到建筑遮阳的要求，采用米黄色石材（或金属铝板）的竖向密肋墙面，以强调建筑的挺拔感；建筑南、北立面表面肌理为横向浅色遮阳金属百叶，从左侧主楼部分延伸至右侧副楼顶部，肌理连续而完整，同时起到节能环保的作用，与新海航大厦在表面肌理及材质上相互呼应，使建筑之间取得和谐、统一的效果。

ZPAD 中旭设计

项目名称： 中国大百科全书出版社办公楼改造工程
工程地点： 北京市西城区
主要用途： 办公楼
建设单位： 中国大百科全书出版社有限公司
占地面积： 4981 平方米
室内精装修面积： 7030 平方米
总建筑面积： 21312 平方米
设计时间： 2013 年 6 月至 2014 年 4 月
施工时间： 2014 年 6 月至 2015 年 9 月
建筑设计： 崔恺 吴斌 辛钰 范国杰 杨帆
室内设计： 顾建英 张明晓

中旭建筑设计有限责任公司现有员工 300 余人，其中，各专业注册人员 50 余人，中、高级职称设计人员 120 余人。公司下设建筑所、结构所、机电所、设计工作室、项目管理中心、住宅设计研究中心、上海分公司和海南分公司，并有生产与技术质量部、经营部、财务部、人力资源部、办公室等强大的支持管理团队，具有国企特色的设计队伍。

多年来，公司积极开展与国外设计公司及建筑院校的业务合作与学术交流，我们以"精心设计、竭诚服务"获得了客户与社会各界的广泛认可。我们将发扬"求实、敬业、创新"的企业精神，坚持"质量树品牌、服务赢市场、管理求效益、创新促发展"的经营理念，继续为广大客户提供优质的产品和真诚的服务。

本项目为加固改造项目。针对整个建筑没有外墙保温、集中空调、自动喷洒系统，外立面凌乱，办公层高较低等不利条件，在造价有限的情况下，采取系统化设计策略：将主入口调整至东侧临西二环，让建筑回归二环；将原来建筑围合而成的内院封闭起来作为室内中庭，兼具接待、展览、举办礼仪活动等功能；办公区域以拆为主，将空间释放出来形成开敞办公，新设的主要设备管线打破传统布置方式，沿外墙外侧走线，在适当位置进入室内，利用窗下墙的空间进行整合，释放出内部空间。通过外保温材料将室外管线包裹起来，外侧再用金属格栅遮挡。建筑外立面由白色的金属铝板包裹起来，连续的铝板使得建筑显得统一而整体，金属铝板的质感又使得建筑不失轻盈，使整个建筑显得端庄典雅。在入口处加设的文化墙材料为石材，石材分隔错落有致，在某些局部利用影雕技术将大百科全书的编写专家头像以及简介刻印上去，反映了大百科全书的编撰历程，也很好地显示了大百科全书出版社建筑的文化气质；建筑室内尽量少做装修吊顶，充分整合释放建筑空间，同时降低造价；坚持实用、简洁、朴素的设计策略。

改造前：沿街立面

改造后：沿街立面

改造前：内院

改造后：中庭

改造前：餐厅

改造后：报告厅

后 记

在 60 家单位的资料最终定稿并交付出版社的时候，会员部的同事们终于长长地松了一口气。回想这大半年的工作，尽管有许多的焦急和烦恼，但团体会员单位给予的鼓励和支持，让我们觉得非常的欣慰。尤其是在有版式调整或者文字完善的时候，有时我们都不好意思再去打扰各单位的联络人，反而是他们主动打电话来了解相关进展，询问是否需要帮助，他们给了我们莫大的鼓舞。感谢各会员单位的支持和各位联络人的付出！

今年《团体会员年报》的编辑出版工作得到了魏巍、杨群、张松峰、王晓京、王京、陈慧、东方等来自综合部、学术部、国际部、科普培训部、财务部和工会同事们的无私帮助。中国建筑工业出版社的唐旭主任、李东禧编辑、吴佳编辑也对本书给予了大力的支持。在此一并表示感谢！

对于本书的任何问题或建议，请各位读者和相关单位向会员部积极反馈，我们将在来年的《团体会员年报》中加以改进。